BIM技术与应用系列规划教材

省级一流本科课程建设成果教材

地下工程
BIM技术及工程应用

孙海霞　主　编

张　帆　张振平　副主编

化学工业出版社

·北京·

内容简介

《地下工程 BIM 技术及工程应用》内容涵盖地下工程 BIM 初学者必须掌握的流程以及具体的工作实操要点，内容精练实用，注重提高学习者的实际操作能力。本书的主要内容包括：BIM 基础知识、Revit 建模基础知识和建模基础、各类地下工程（地下管线、浅埋式地下结构、附建式地下结构、逆作法地下结构、基坑支护及支撑结构、沉井结构、盾构隧道结构、整体式隧道结构、沉管结构、顶管结构及箱涵结构等）模型的创建，以及 BIM 技术在地下工程中的工程量统计、图纸输出、碰撞检查等方面的应用。本书配有教学视频，读者可扫二维码获取。

本书可以作为普通高等院校土木工程、工程管理、智能建造、城市地下工程等相关专业的教学用书，也可以供相关工程技术从业人员参考使用。

图书在版编目（CIP）数据

地下工程 BIM 技术及工程应用 / 孙海霞主编；张帆，张振平副主编. -- 北京：化学工业出版社，2025. 8.
(省级一流本科课程建设成果教材) (BIM 技术与应用系列规划教材). -- ISBN 978-7-122-48219-8

Ⅰ. TU92

中国国家版本馆 CIP 数据核字第 202586R1U3 号

责任编辑：刘丽菲　　　　　　　文字编辑：刘雷鹏
责任校对：田睿涵　张茜越　　　装帧设计：韩　飞

出版发行：化学工业出版社
　　　　　（北京市东城区青年湖南街 13 号　邮政编码 100011）
印　　装：大厂回族自治县聚鑫印刷有限责任公司
787mm×1092mm　1/16　印张 12 ½　字数 309 千字
2025 年 9 月北京第 1 版第 1 次印刷

购书咨询：010-64518888
售后服务：010-64518899
网　　址：http://www.cip.com.cn
凡购买本书，如有缺损质量问题，本社销售中心负责调换。

定　　价：49.80 元　　　　　　　版权所有　违者必究

前　言

在新一轮科技革命和产业变革的背景下，BIM 技术已成为推动建筑业高质量发展的关键引擎。编写团队系统梳理了 BIM 技术在各专业领域的应用要点，精心编写了这套理论与实践相结合的 BIM 技术与应用系列教材，以期推进 BIM 技术在行业中的快速发展。沈阳工业大学"BIM 技术及应用"课程于 2020 年获评辽宁省一流本科课程，本书是该课程的建设成果之一。

《地下工程 BIM 技术及工程应用》以工程实例为背景，展示地下工程模型的创建以及 BIM 技术在地下工程中的应用。全书内容翔实，既具有较强的实用性和可操作性，又兼具一定的理论深度；注重培养学习者的实际操作能力，在建模章节均设有工程实例；介绍了不同构件的 BIM 建模流程和要点，同时配以大量的图表进行分析；提供了建模操作视频等数字资源，最大限度地满足教师教学、学生学习和企业工程技术人员自学的需求。

本书的主要内容包括：BIM 基础知识、Revit 建模基础知识和建模基础、各类地下工程（地下管线、浅埋式地下结构、附建式地下结构、逆作法地下结构、基坑支护及支撑结构、沉井结构、盾构隧道结构、整体式隧道结构、沉管结构、顶管结构及箱涵结构等）模型的创建，以及 BIM 技术在地下工程中的工程量统计、图纸输出、碰撞检查等方面的应用。全书共 14 章，第 1 章至第 6 章由孙海霞编写；第 7 章和第 8 章由张帆编写；第 9 章和第 10 章由张振平编写；第 11 章和第 12 章由中冶沈勘工程技术有限公司宋志强编写；第 13 章由东北大学张锋春编写；第 14 章由辽宁奥路通科技有限公司姚卓编写。全书由孙海霞统稿。

由于编者水平有限，书中疏漏在所难免，敬请批评指正。

编者

2025 年 4 月

目　录

| 第1章 | 绪　论

1.1　BIM 概述

1.1.1　BIM 基本概念

　　BIM 是建筑信息模型（building information modeling）的简称，这个名词是 Autodesk 公司在 2002 年率先提出的，已经在全球范围内得到业界的广泛认可。它可以帮助实现建筑信息的集成，从建筑的设计、施工、运营直至建筑全寿命周期的终结，将各种信息始终整合于一个三维模型信息数据库中。设计团队、施工单位、设施运营部门和业主等各方人员可以基于 BIM 进行协同工作，提高工作效率、节省资源、降低成本，以实现可持续发展。

　　BIM 的核心是通过建立虚拟的建筑工程三维模型，利用数字化技术，为这个模型提供完整的、与实际情况一致的建筑工程信息库。该信息库不仅包含描述建筑物构件的几何信息、专业属性及状态信息，还包含非构件对象（如空间、运动行为）的状态信息。这个包含建筑工程信息的三维模型，大大提高了建筑工程信息的集成化程度，从而为建筑工程项目的相关利益方提供了一个工程信息交换和共享的平台。

1.1.2　BIM 的特点

　　BIM 具有以下五个特点：
　　（1）可视化
　　可视化即"所见即所得"的形式，对于建筑行业来说，可视化的运用具有重要作用，例如施工图是将各个构件的信息在平面的图纸上采用线条绘制表达，但是其真正的三维构造形式需要建筑业从业人员自行想象。建筑设计需要展示效果图，但是这种效果图不含除构件的大小、位置和颜色以外的其他信息，缺少不同构件之间的互动性和反馈性。BIM 提供了可视化的思路，让人们将以往的二维线条式构件变成一种三维的立体图展示在人们的面前。BIM 提到的可视化是一种能够与构件之间形成互动和反馈的可视化，由于整个过程都是可视化的，可视化的结果不仅可以用效果图展示，还可以生成报表，更重要的是，项目设计、建造、运营过程中的沟通、讨论、决策都可以在可视化的状态下进行。

（2）协调性

协调是建筑业中的重点工作，不管是施工单位，还是业主及设计单位，都在做着协调及相互配合的工作。一旦项目的实施过程中遇到了问题，就要将有关人士组织起来开协调会，找出各个施工问题发生的原因及解决办法，然后作出变更并提出相应补救措施等来解决问题。在设计时，可能由于各专业设计师之间沟通不到位，而出现各专业之间的设计碰撞问题。例如暖通专业设计，在进行管道布置时，由于施工图纸是由不同专业的工程师绘制在各自的施工图纸上，在真正的施工过程中，布置管线时可能正好在此处有结构设计的梁等构件阻碍管线的布置。在没有应用 BIM 技术时，像这样碰撞问题的协调解决，只能在问题出现之后再进行。BIM 的协调性可以帮助处理这种问题，也就是说利用 BIM 可在建筑物建造前期对各专业的碰撞问题进行协调，生成协调数据，并提供出来。当然，BIM 的协调性并不是只能解决各专业间的碰撞问题，它还可以解决电梯井布置和其他设计布置及净空要求的协调、防火分区与其他设计布置的协调、地下排水布置与其他设计布置的协调等问题。

（3）模拟性

模拟性并不是只能模拟设计出的建筑物模型，它还可以模拟不能在真实世界中操作的事物。在设计阶段，BIM 可以对设计上需要进行模拟的一些东西进行模拟试验。例如：节能模拟、紧急疏散模拟、日照模拟、热能传导模拟等；在招投标和施工阶段可以进行 4D 模拟（三维模型加项目的发展时间），也就是根据施工的组织设计模拟实际施工，从而确定合理的施工方案来指导施工；同时还可以进行 5D 模拟（在 4D 模型基础上增加造价控制），从而实现成本控制；在后期运营阶段可以模拟日常紧急情况的处理方式，如地震时人员逃生模拟及消防人员疏散模拟等。

（4）优化性

事实上，整个设计、施工、运营的过程是一个不断优化的过程。当然，优化和 BIM 之间不存在实质性的必然联系，但在 BIM 的基础上可以做更好的优化。优化受三种因素的制约：信息、复杂程度和时间。没有准确的信息，就做不出合理的优化。BIM 模型提供了建筑物实际存在的信息，包括几何信息、物理信息、规则信息，还提供了建筑物变化以后实际存在的信息。建筑物的复杂程度较高时，参与人员本身的能力难以掌握所有的信息，必须借助一定的科学技术和设备。现代建筑物的复杂程度大多超过参与人员本身的能力极限，BIM 及其配套的各种优化工具提供了对复杂项目进行优化的可能。

（5）可出图性

BIM 不仅能绘制常规的建筑设计图纸及构件加工的图纸，还能通过对建筑物进行可视化展示、协调、模拟、优化，而出具各专业图纸及深化图纸，使工程表达更加详细。

1.1.3　世界各国 BIM 相关标准

国际标准化组织（ISO）制定了一些 BIM 相关的标准，从早期的工业基础类标准（IFC）到信息交付标准（IDM），再到国际字典框架标准（IFD）都是非常重要的标准。国际上最高的标准组织也非常重视这几方面标准的制定。

BIM 技术源自美国，美国的一些地方政府也制定了很多的应用指南，对正确应用 BIM 起到了很好的作用。美国的地方组织也制定了相关的 BIM 标准。例如，2006 年美国总承包商协会发布《承包商 BIM 使用指南》；2008 年美国建筑师学会颁布了 BIM 合同条款 E202—2008：*Building Information Modeling* (BIM) *Protocol Exhibit*；2009 年美国洛杉矶大学制定了面向设计–招标–建造（DBB）工程模式的 BIM 实施标准 *LACCD Building Information Modeling Standards*：*For Design-Bid Build Projects*。

与此同时，英国在美国标准的基础上制定了具体的应用指南，挪威、新加坡、韩国等国家也都制定了相关的标准和应用指南。英国在 2009 年发布了 *AEC* (UK) *BIM Standard*；在 2010 年进一步发布了基于 Revit 平台的 BIM 实施标准 *AEC* (UK) *BIM Standard for Autodesk Revit*；在 2011 年又发布了基于 Bentley 平台的 BIM 实施标准 *AEC* (UK) *BIM Standard for Bentley Building*。挪威于 2009 年发布了 *BIM Manual 1.1*，并于 2011 年发布了 *BIM Manual 1.2*。新加坡在 2012 年发布了 *Singapore BIM Guide*。韩国国土海洋部在 2010 年 1 月颁布了《建筑领域 BIM 应用指南》；2010 年 3 月，韩国虚拟建造研究院制定了《BIM 应用设计指南——三维建筑设计指南》；2010 年 12 月，韩国颁布了《韩国设施产业 BIM 应用基本指南书——建筑 BIM 指南》。

我国于 2016 年发布《建筑信息模型应用统一标准》（GB/T 51212—2016），自 2017 年 7 月 1 日起实施。我国于 2017 年发布《装配式建筑评价标准》（GB/T 51129—2017），自 2018 年 2 月 1 日起实施；同年发布《建筑信息模型施工应用标准》（GB/T 51235—2017），自 2018 年 1 月 1 日起实施。

1.1.4 施工图识读与绘制

建筑施工图更关注的是建筑的平面功能、平面定位、立面效果以及建筑的外在艺术表现。在 BIM 技术出现以前，建筑施工图识图能力培养过程中，常采用挤塑聚苯板等轻质材料制作建筑模型，在制作实体模型过程中进行建筑施工图识图能力培养。在 BIM 技术出现后，不需额外的设备和材料，仅使用计算机就可以实施。相比之下，制作实体模型耗时、耗力、耗材，同时需要的实训场地比较大，也存在识图培养效率不够高的问题。

BIM 技术的实施能够实现从建筑图纸到三维模型的转化，可以很好地提升和强化施工图识图能力。深入利用 BIM 技术在建筑平面图、立面图、剖面图及详图中表达的丰富信息，结合 BIM 模型三维视图，可以更有效、更形象地对建筑施工图识图与绘制。

结构施工图用平法表达后，原来的三维构件转化成平面表示，需要读图人员再由平面图通过思维转化为想象中的三维视图。而 BIM 技术出现后，可以利用该技术把平法表达的钢筋信息快速转化成实体三维图。例如，应用广联达软件对结构构件建立三维 GBIM-5D 数据模型，建立起的钢筋三维结构模型清晰明了，能直观展现钢筋的节点构造要求，同时便于钢筋工程量的对量和核算，能指导钢筋下料的截断加工，指导钢筋施工的排放和绑扎，是结构施工图识图的重要辅助手段。

所以，利用 BIM 技术建立三维模型，有助于提升施工图识图、绘图的效率和准确率，弥补传统方法的不足。

1.1.5　我国建筑信息化时代下的建筑业发展情况

（1）改革开放以来我国建筑业的发展成就

改革开放以来，我国建筑业保持快速发展，规模明显扩大，呈现多主体发展格局，实力和贡献明显提高，对外开放程度明显提高，我国从建筑业大国不断走向建筑业强国。尤其是党的十八大以来，我国建筑业步入一个新的发展阶段，为经济高质量发展发挥了重要的积极作用。

①引进来稳步发展。建筑业在对外开放政策的引导下，涌现了大量中外合资、合作的建筑业企业，同时我国港、澳、台地区建筑业企业也不断进入祖国大陆市场。

②走出去形势喜人。建筑业企业一直积极开拓海外市场，特别是党的十八大以来，随着"一带一路"倡议的不断推进，建筑业深度参与沿线 65 个国家和地区重大项目的规划和建设，聚焦关键通道、关键城市、关键项目，联结陆上公路、铁路道路网络和海上港口网络，着力推动陆上、海上、天上、网上四位一体的设施联通建设，形势喜人。

（2）顶尖的 BIM 工程

从中央到地方的政策支持，加快了 BIM 的推广与发展速度，我国的 BIM 应用实例也越来越多，不只是国人，更吸引了越来越多世界目光的关注。未来，我们更加坚信，BIM 技术在中国的发展必定会枝繁叶茂，为促进建筑行业信息化的深层次变革提供强大助力。

①青岛地铁 9 号线。青岛地铁 9 号线一期工程一标段项目中的数字化建造管理应用依托青岛地铁智慧工地一体化平台，对全寿命周期的 BIM 模型进行审核管理，确保设计质量提升、施工过程管控、竣工资产移交，实现全线路、全专业、全过程 BIM 技术的系统应用，形成了一套数字轨道交通建设的理论体系和实践方法。

②港珠澳大桥。港珠澳大桥连接香港、澳门、珠海三个地区，是目前世界上最长的跨海大桥。港珠澳大桥的建成凝聚了中国众多科研、设计、施工等领域人才的智慧与努力，同时也体现了中国在 BIM 技术领域的先进应用水平和显著成就。

（3）大国工匠精神对现代化人才的要求

大国工匠的培养，需要精益求精的工匠精神、完善的工匠制度和浓厚的工匠文化。在物质层面的基础基本具备后，精神文化因素已成为中国建筑与工程行业转型升级、打造建筑信息化强国的关键所在。

不论工程造价还是施工项目管理都全面进入精细化全寿命周期管理的阶段。在建筑信息化时代，大国工匠应以中国传统工匠精神中德艺兼修、物我合一的境界为根基，秉持敬业精神、发挥创造力、追求精益求精的工作态度。围绕以人为本的理念，将个性化定制与标准化工艺相结合，推动技术创新；注重培养工程领域的爱国情怀和伦理意识；掌握建筑信息化技术，顺应工业化和信息化的发展趋势，坚定为实现中华民族伟大复兴的中国梦而奋斗。

（4）大国工匠精神在信息化时代背景下的传承与发展

住房和城乡建设部明确提出大力推进企业数字化转型，推进大数据、物联网、建筑信息模型（BIM）、无人机等技术的应用。这无疑是整个建筑行业转型的契机，既是机遇也是挑战。工程人可以基于建筑信息化技术，更具创造力地开展工作，实现高效与高质的工程成果，同时更有能力和基础践行现代工程人的工匠精神。以火神山医院为例，在"BIM＋装配式"技术的推动下，仅用 10 天便创造了世界工程史上的奇迹。在这 10 天建造工期中，工程人基于 BIM 技术应用的三大关键点优势，即项目精细化管理、仿真模拟对建筑性能的优化、参数化设计及可视化管控，从而保证施工质量、缩短工期、节约成本、降低劳动力成本和减少施工废弃物产出。涉及参与者、建筑材料、建筑机械、规划和其他方面的所有信息都被纳入建筑信息模型中。利用 BIM 技术提前进行场地布置及各种设施模拟，按照医院建设的特点，对采光管线布置、能耗分析等进行优化模拟，确定最优建筑方案和施工方案。参数化设计、构件化生产、装配化施工、数字化运维，使项目的全寿命周期都处于数字化管控之下，避免因工期紧而造成高成本的问题。同时无人机"云监工"的方式，带动更多的人参与工程建设，了解建筑行业革命式的发展，展现国家的强盛。

（5）工程职业伦理和爱国精神的塑造

"工程爱国"是一切工程伦理实践行为的根基和主线。工程伦理是从价值理论与方法的角度研究人和物之间的关系，以及研究由人和物之间关系的改变所影响的人与人之间的关系。工程伦理紧密围绕社会实践，基于社会价值研究工程中常见的责任问题、风险与安全问题、环境问题、可持续发展问题、知识产权问题及公平公正问题等，力求在道德与职业伦理之间寻求一个平衡标准，为工程人的职业行为建立指导准则，从而构建具有中国特色的工程伦理观。

工匠精神是锻造新时代卓越工程师的灵魂，它包含了文化基因、创新基因和价值基因；它是基于习近平总书记提出的"四个自信"中的文化自信，以发展科学技术实现可持续发展为目标，为当代工程人注入中国传统价值观为信念的力量，是技术爱国的方式。

BIM 技术是建筑行业发展至信息化时期的重要技术，是信息化时代对"工匠"技术的基本要求。

1.2　BIM 应用

① 新型建筑工业化背景下的建筑设计具有标准化、模块化、重复化的特点，形成的数据量大且重复，在传统技术下需要大量的人力物力来记录整合，并且容易出现错误。而 BIM 模型在建模时可以利用数据共享平台进行数据共享，也可以与各种设计软件结合来设计构件，制定标准和规则，有利于实现标准化。

② 工厂化的目的之一是提高构件的精度，采用传统技术记录和生产难免会产生错误和误差，而 BIM 模型中的信息可以完整地展示给制造人员或者能够完整地导入可兼容 BIM 技术的其他系统。这使得通过 BIM 技术进行设计和制造、提高构件的设计精度和制造精度得以实现，有利于实现构件部品的工厂化。

③ 新型建筑工业化需要实现施工安装装配化，需要大量的人力来记录构件信息，如搭接位置和搭接顺序等，运用 BIM 技术可确保信息的完整和准确。在 BIM 模型中，每一个构件的信息都会显示出来，3D 模型可准确显示出构件应在的位置和搭接顺序，确保施工安装能够顺利完成。使用 BIM 技术有利于实现施工安装装配化。

④ 新型建筑工业化要实现构件部品的工厂化生产及施工现场装配。工厂中生产出的构件部品，在设计尺寸上能否满足一个特定住宅项目的需要，是工程项目能否顺利施工的关键。运用 BIM 技术在建模和其他阶段不断完善各构件部品的物理信息和技术信息。这些信息自动传递到虚拟施工软件中进行过程模拟，找出错误点并进行修改。运用 BIM 技术还能对建筑进行真正的全寿命周期管理，将所有的信息都显示在 BIM 模型中，每一个环节都不会出现信息遗漏，直到建筑物报废拆除。运用 BIM 技术有利于实现生产经营信息化。

⑤ 目前的建筑业产业组织流程，从建筑设计到施工安装，再到运营管理都是相互分离的。这种不连续的过程，使得建筑产业上下游之间的信息得不到有效的传递，阻碍了新型建筑工业化的发展。将每个阶段进行集成化管理，必将大大促进新型建筑工业化的发展。BIM 技术作为集成工程建设项目所有相关信息的工程数据模型，能够同步提供新型建筑工业化建设项目在技术、质量、进度、成本、工程量等施工过程中所需的各种信息，并且可以对设计、制造、施工三个阶段的模数和技术标准进行整合。

1.3 BIM 相关软件

目前常用的 BIM 软件数量已有几十个，甚至上百。但对这些软件，却很难给予一个科学的、系统的、精确的分类。BIM 相关软件主要有以下几种：

（1）BIM 核心建模软件

① Autodesk 公司的 Revit 建筑、结构和设备系列软件。其常用于民用建筑领域，是完整的、针对特定专业的建筑设计和文档系统，支持所有阶段的设计和施工图纸。它在国内民用建筑市场上已占有很大市场份额。

② Bentley 公司的建筑、结构和设备系列软件。Bentley 产品常用于工业设计（石油、化工、电力、医药等）和基础设施（道路、桥梁、市政、水利等）领域，具有无可争辩的优势。

③ GraphiSoft 公司的 ArchiCAD 软件。ArchiCAD 作为一款最早推广应用的、具有一定市场影响力的 BIM 核心建模软件，最为国内同行所熟悉。但其定位过于单一（仅限于建筑学专业），与国内"多专业一体化"的设计院体制严重不匹配，故很难实现市场占有率的大突破。

④ Dassault 公司的 CATIA 产品以及 Gery Technology 公司的 Digital Project 产品。其中 CATIA 是全球最高端的机械设计制造软件，在航空、航天、汽车等领域占据垄断地位。它的建模能力、表现能力和信息管理能力相比传统建筑类软件具有明显优势。然而，CATIA 与工程建设行业尚未能顺畅对接，这是其不足之处。Digital Project 则是在 CATIA 基础上开发的一个专门面向工程建设行业的应用软件（即二次开发软件）。其本质还是 CATIA 软件，与天正和 AutoCAD 的关系类似。

因此在软件选用上建议如下：单纯民用建筑（多专业）设计，可用 Autodesk Revit；工业或市政基础设施设计，可用 Bentley；建筑师事务所，可选择 ArchiCAD、Autodesk Revit 或 Bentley；所设计项目严重异形、购置预算又比较充裕的，可选用 Digital Project 或 CATIA。充分顾及项目业主和项目组成员的相关要求，也是在确定 BIM 技术路线时需要考虑的要素。

（2）BIM 方案设计软件

BIM 方案设计软件用于设计初期，其主要功能是把业主设计任务书里面基于数字的项目要求转化成基于几何形体的建筑方案，此方案用于业主和设计师之间的沟通和方案研究论证。BIM 方案设计软件可以帮助设计师验证设计方案和业主设计任务书中的项目要求是否相匹配。BIM 方案设计软件的成果可以转换到 BIM 核心建模软件里面进行设计深化，并继续验证是否满足业主要求的情况。目前主要的 BIM 方案软件有 Onuma Planning System 和 Affinity 等。

（3）BIM 接口的几何造型软件

设计初期阶段的形体、体量研究或者遇到复杂建筑造型的情况，使用几何造型软件会比直接使用 BIM 核心建模软件更方便、效率更高，甚至可以实现 BIM 核心建模软件某些无法实现的功能。几何造型软件的成果可以作为 BIM 核心建模软件的输入。目前常用的几何造型软件有 Sketchup、Rhino 和 FormZ 等。

（4）BIM 可持续（绿色）分析软件

可持续或者绿色分析软件可以使用 BIM 的信息对项目进行日照、风环境、热工、景观可视度、噪声等方面的分析。主要软件有国外的 Ecotect、IES Virtual Environment、Green Building Studio 以及国内的 PKPM 等。

（5）BIM 机电分析软件

水暖电等设备和电气分析软件的国内产品有鸿业、博超等，国外产品有 Design Master、IES Virtual Environment、Trane Trace 等。

（6）BIM 结构分析软件

结构分析软件是目前与 BIM 核心建模软件配合度较高的产品，基本上可实现双向信息交换，即结构分析软件可使用 BIM 核心建模软件的信息进行结构分析，分析结果对于结构的调整，又可反馈到 BIM 核心建模软件中去，自动更新 BIM 模型。国外结构分析软件有 ETABS、STAAD、Robot 等，国内有 PKPM，均可与 BIM 核心建模软件配合使用。

（7）BIM 可视化软件

有了 BIM 模型以后，对可视化软件的使用至少有如下好处：可视化建模的工作量减少了；模型的精度和与设计（实物）的吻合度提高了；可以在项目的不同阶段以及各种变化情况下快速产生可视化效果。常用的可视化软件包括 3ds Max、Artlantis、AccuRender 和 Lightscape 等。

（8）BIM 模型检查软件

BIM 模型检查软件可以用来检查模型本身的质量和完整性，例如空间之间是否存在重叠，空间有没有被适当的构件围闭，构件之间有没有冲突等；也可以用来检查设计是不是符合业主的要求，是否符合规范的要求等。目前具有市场影响力的 BIM 模型检查软件是 Solibri Model Checker。

（9）BIM 深化设计软件

Tekla Structures（Xsteel）作为目前最具影响力的基于 BIM 技术的钢结构深化设计软件，可使用 BIM 核心建模软件提交的数据，对钢结构进行面向加工、安装的详细设计，即生成钢结构施工图（加工图、深化图、详图）、材料表、数控机床加工代码等。

（10）BIM 模型综合碰撞检查软件

模型综合碰撞检查软件的基本功能包括集成各种三维软件（BIM 软件、三维工厂设计软件、三维机械设计软件等）创建的模型，并进行 3D 协调、4D 计划、可视化、动态模拟等，也属于一种项目评估、审核软件。常见模型综合碰撞检查软件有 Autodesk Navisworks、Bentley Navigator 和 Solibri Model Checker 等。

（11）BIM 造价管理软件

造价管理软件利用 BIM 提供的信息进行工程量统计和造价分析。它可根据工程施工计划动态提供造价管理需要的数据，即 BIM 技术的 5D 应用。国外 BIM 造价管理软件有 Innovaya 和 Solibri，广联达、鲁班则是国内 BIM 造价管理软件的代表。

（12）BIM 运营管理软件

根据美国国家 BIM 标准委员会的资料，一个建筑物完整寿命周期中 75%的成本发生在运营阶段（使用阶段），而建设阶段（设计、施工）的成本只占 25%。BIM 模型为建筑物的运营管理阶段服务是 BIM 应用重要的推动力和工作目标，在这方面美国运营管理软件 Archibus 是最有市场影响力的软件之一。

（13）BIM 成果发布审核软件

最常用的 BIM 成果发布审核软件包括 Autodesk Design Review、Adobe PDF 和 Adobe 3D PDF，正如这类软件本身的名称所描述的那样，发布审核软件把 BIM 的成果发布成静态的、轻型的、包含大部分智能信息的、不能编辑修改但可以标注审核意见的、更多人可以访问的格式，如 DWF、PDF、3D PDF 等，供项目其他参与方审核或者使用。

1.4　BIM 建模软件——Revit

Revit 是 Autodesk 公司一套系列软件的名称。Revit 系列软件是专为建筑信息模型（BIM）构建的，可帮助建筑设计师设计、建造和维护质量更好、能效更高的建筑。作为一种应用程序，Autodesk Revit 结合了 Autodesk Revit Architecture、Autodesk Revit MEP 和 Autodesk Revit Structure 软件的功能，提供支持建筑设计、MEP 工程设计和结构工程设计的工具。

（1）建筑设计

Autodesk Revit 软件能依照建筑师与设计师的思维模式开展设计工作，所以，它能够输出质量更高、精准度更佳的建筑设计成果。运用那些专门为支撑建筑信息模型工作流打造的工具，我们能够获取概念并加以分析，还能在设计、编制文档以及建筑施工的整个过程中始终坚守自己的设计理念。其功能强大的建筑设计工具，有助于我们把握和剖析概念，并且确保从设计到建筑施工各阶段的连贯性。

（2）MEP 工程设计

Revit 向暖通、电气和给排水（MEP）工程师提供工具，可以设计最复杂的建筑系统。Revit 支持建筑信息模型（BIM），可帮助导出更高效的建筑系统从概念到建筑的精确设计、分析和文档。利用包含丰富信息的模型，能够在建筑的整个寿命周期内为建筑系统提供支持。为暖通、电气和给排水（MEP）工程师构建的工具，可辅助工程师设计和分析高效的建筑系统，并且为这些系统编制文档。

（3）结构工程设计

Revit 软件为结构工程师和设计师提供了工具，使他们可以更加精确地设计和建造高效的建筑结构。

Autodesk Revit Architecture 软件能够在项目设计流程前期帮助设计师探究最新颖的设计概念和外观，并能在整个施工文档中如实传达设计师的设计理念。Autodesk Revit Architecture 面向建筑信息模型（BIM）而构建，支持可持续设计、碰撞检测、施工规划和建造，同时帮助工程师、承包商与业主更好地沟通协作。设计过程中的所有变更都会在相关设计与文档中自动更新，实现更加协调一致的流程，获得更加可靠的设计文档。

Autodesk Revit Architecture 全面创新的概念设计功能带来易用工具，帮助设计师进行自由形状建模和参数化设计，以及对早期设计进行分析。借助这些功能，设计师可以自由绘制草图，快速创建三维形状，交互处理各个形状。可以利用内置的工具进行复杂形状的概念澄清，为建造和施工准备模型。随着设计的持续推进，Autodesk Revit Architecture 能够围绕最复杂的形状自动构建参数化框架，提供更高的创建控制能力、精确性和灵活性。从概念模型到施工图纸的整个设计流程都是在直观的环境中完成的。

思考题

1. 什么是 BIM？其核心功能是什么？
2. BIM 与传统建筑设计方法有何不同？
3. BIM 的核心组件是什么？请简述每个组件的功能。
4. BIM 的主要特点是什么？请详细说明。
5. BIM 如何促进可持续建筑设计的实施？

第2章 Revit 建模基础知识和建模基础

2.1 Revit 基本术语

（1）样板

当我们打开 Revit 准备建模的时候，首先面临的就是项目样板的选择。点击项目下的"新建"按钮，就会弹出项目样板的选择框。

Revit 有构造样板、建筑样板、结构样板、机械样板以及无这五种样板，项目样板使用的文件扩展名为".rte"，如图 2-1 所示。

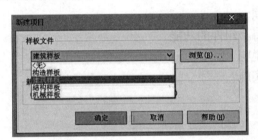

图 2-1 新建项目样板

项目样板包括视图样板、已载入的族、已定义的设置（如单位、填充样式、线样式、线宽、视图比例等）和几何图形。如果把一个 Revit 项目比作一张图纸，那么样板文件就是制图规范。样板文件中规定了这个 Revit 项目中各个图元的表现形式。

（2）项目

在 Revit 中，项目是单个建筑信息模型的设计信息数据库，包含了从几何图形到构造数据的所有建筑设计信息。这些信息包括用于设计模型的构件、项目视图和设计图纸。通过使用单个项目文件，Revit 可以轻松地修改设计，还可以使修改反映在所有关联区域（平面视图、立面视图、剖面视图、明细表等）中，如图 2-2 所示。

（3）组

当需要创建重复布局或需要许多建筑项目实体时，对图元进行分组非常有必要。项目或族中的图元成组后，可多次放置在项目或族中。

保存 Revit 的组为单独的文件，只能保存为 rvt 格式，需要用到组时可使用"插入"选项卡下的"作为组 载入"命令，如图 2-3 所示。

建筑样例项目　　结构样例项目

图 2-2　项目样例

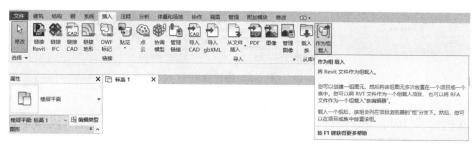

图 2-3　载入组的方式

（4）族

族是一个包含通用属性集和相关图形表示的图元组。所有添加到 Revit 项目中的图元（构成建筑模型的结构构件，如墙、屋顶、窗、详图索引、标记等）都是使用族创建的。

① 族与组的区别。

族是 Revit 中用户自定义或系统预定义的构件单元，而 Revit 模型正是由这些族构成的。模型中的墙、柱、管线等建筑元素，以及标注、注释等，都可以视为不同类型的族。

组相当于 CAD 里面阵列的结果，只不过在 Revit 里，组可以有自己的可调整的数据信息，多个组也可以成组，起到便于调整的作用。

② Revit 包含的三种族。

a. 可载入族。使用族样板（rft 文件）在项目外创建的 rfa 文件，可以载入到项目中，具有高度可自定义的特征，因此可载入族是用户最经常创建和修改的族，载入族的方式如图 2-4 所示。

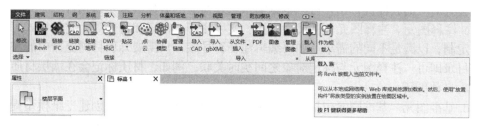

图 2-4　载入族的方式

b. 系统族。系统族是在 Revit 中预定义的族，包含基本建筑构件，如墙、窗和门。例如基本墙系统族包含定义内墙、外墙、基础墙、常规墙和隔断墙样式的墙类型。可以复制和修改现有系统族，但不能创建新系统族。

c. 内建族。内建族可以是特定项目中的模型构件，也可以是注释构件。只能在当前项目中创建内建族，因此它们仅可用于该项目特定的对象，例如自定义墙。创建内建族时，可以选择类别，且使用的类别将决定构件在项目中的外观和显示控制，如图 2-5 所示。

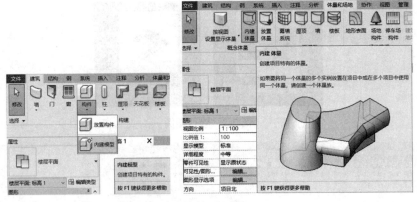

图 2-5　内建族

（5）图元

在创建项目时，可以向设计中添加参数化建筑图元。Revit 按照类别、族和类型对图元进行分类，如图 2-6 所示。

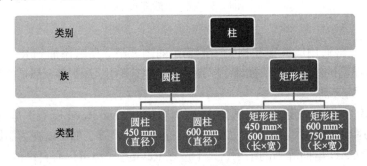

图 2-6　图元分类

a. 主体图元。主体图元包括墙、楼板、屋顶和天花板、楼梯、场地、坡道等。它的用户自定制程度较低。

b. 构件图元。构件图元包括窗、门、家具、植物等。它与主体图元之间是相互依附的关系。例如，门窗安装在墙体上，如果删除墙体，那么其上的门窗也会被删除。构件图元会有对应的族样板，用户可以根据需求选择对应的族样板来定制构件。

c. 注释图元。注释图元包括尺寸标注、文字注释、标记和符号等。它的样式可以由用户定制，以满足不同的需求。如要编辑注释符号族，只需展开项目浏览器中的注释符号子目录即可。注释图元与标记对象之间实时关联，例如，材质标记会在墙层材质发生变化后自动更新。

d. 基准图元。基准图元包括标高、轴网、参照平面。它为用户创建三维模型提供了定位辅助的参照。标高不仅可以用来定义楼层高度，还可以用来调整楼板的具体位置。

e. 视图专有图元。视图专有图元只显示在放置这些图元的视图中。它可帮助对模型进行描述或归档。例如尺寸标注是视图的专有图元，如图 2-7 所示。

（6）类别和类型

类别是一组用于对建筑设计进行建模或记录的图元。例如，模型图元的类别包括家具、门窗、卫浴设备等。注释图元的类别包括标记和文字注释等。

类型用于表示同一族的不同参数（属性）值。如某个窗族"双扇平开-带贴面.raf"包含"900mm × 1200mm""1200mm × 1200mm""1800mm × 900mm"三种不同类型。

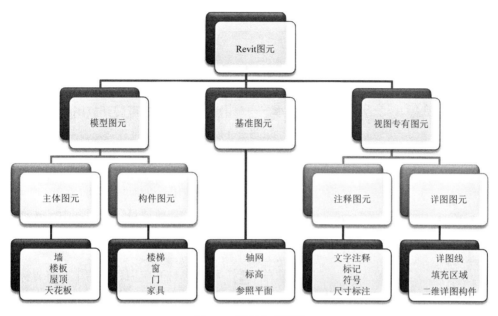

图 2-7　视图专有图元

2.2　Revit 界面介绍

在开始学习具体的软件命令之前，需要先熟悉软件界面以及基本的操作流程。

Revit 的界面和欧特克公司其他产品的界面非常相似，例如，Autodesk Autocad、Autodesk Inventor 和 Autodesk 3ds Max，这些软件的界面都有个明显的特点，即它们都是基于"功能区"的概念。这个功能区也可以看成是"固定式工具栏"，位于屏幕的上方，其中排列了多个选项卡，相关的命令按钮和工具条存放于特定的选项卡中。在软件操作过程中，功能区选项卡所显示的内容会随着选择内容的不同而随时变化。Revit 软件界面如图 2-8 所示。

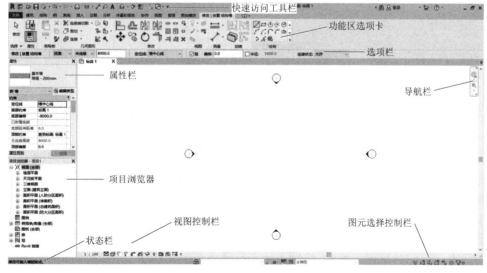

图 2-8　Revit 软件界面

2.2.1 应用程序菜单

程序菜单提供了基本的文件操作命令，包括新建、保存、导出、发布以及全局设置。

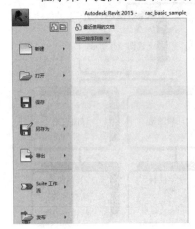

用于启动应用程序菜单的按钮在软件界面的左上角，图标为"![]"。单击这个图标，即可展开应用程序菜单下拉列表，如图 2-9 所示。

（1）新建项目文件

单击"![]"按钮，打开应用程序菜单，将光标移至"新建"按钮上，在展开的"新建"侧拉列表中，单击"项目"按钮，在弹出的"新建项目"对话框中，选择"建筑样板"，单击"确定"。

（2）打开族文件

单击"![]"按钮，打开应用程序菜单，将光标移至"打开"按钮上，在展开的"打开"侧拉列表中，单击"族"按钮，在弹出的"打开"对话框中，选择需要打开的族

图 2-9 应用程序菜单

文件，单击"打开"按钮，如图 2-10 所示。

图 2-10 打开族文件

（3）"选项"设置

单击"![]"按钮，在展开的下拉列表中单击右下角的"选项"按钮，弹出"选项"对话框。该对话框包括常规、用户界面、图形、文件位置、渲染、检查拼写、Steering Wheels、View Cube、宏九个选项卡。

①"常规"选项卡。主要用于对系统通知、用户名、日志文件清理、工作共享、更新频率、视图选项等参数的设置；"保存提醒间隔"选项卡用于软件提醒保存最近对打开文件的更改频率；"'与中心文件同步'提醒间隔"选项卡用于软件提醒与中心文件同步（在工作共享时）的频率；"用户名"选项卡为与软件的特定任务关联的标识符，用户名的设置是团队在进行协同工作时必不可少的步骤；"日志文件清理"选项卡用于系统日志清理间隔设置；"工作共享更新频率"选项卡用于软件更新工作共享显示模式的频率设置；"视图选项"选项卡用于对视图默认的规程进行设置。

②"用户界面"选项卡。主要用于修改用户界面的行为。可以通过选择或清除建筑、结构、系统、体量和场地的复选框，控制用户界面中可用的工具和功能，也可以设置"最近使用的文件"界面是否显示，以及对快捷键进行设置等，如图 2-11 所示。

图 2-11 "用户界面"选项卡

"快捷键"选项卡用于为 Revit 工具添加自定义快捷键，以提高工作效率，如图 2-12 所示。

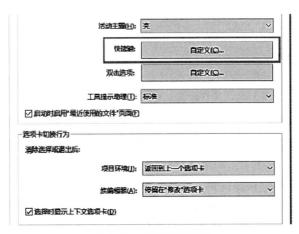

图 2-12 自定义快捷键

通过单击"快捷键"对话框中的"导出"按钮，可以将自定义的快捷键"Keyboard Shortcuts.xml"另存为文件。当更换电脑或新安装软件需重设快捷键时，可单击"导入"

按钮把快捷键文件导入软件（提示：导入快捷键会弹出"提醒"对话框，选择覆盖即可）。

③"图形"选项卡。用于控制图形和文字在绘图区域中的显示。

"反转背景色"复选框：勾选"反转背景色"复选框，Revit 界面将显示为黑色背景；取消勾选后，Revit 界面将显示为白色背景。分别单击"选择""预先选择""警告"后的颜色值即可为选择、预先选择、警告指定新的颜色。

调整"临时尺寸标注文字外观"：在选择某一构件时，Revit 会自动捕捉其余周边相关图元或参照，并显示为临时尺寸，该选项用于设置临时尺寸的字体大小和背景是否透明。

④"文件位置"选项卡。主要用于添加项目样板文件，改变用户文件默认位置，可以通过"↑" "↓" "➕" "➖" 按钮对样板文件进行上下移动或添加删除，如图 2-13（a）所示。另外，也可通过单击"族样板文件默认路径"后的"浏览"按钮，在打开的"浏览文件夹"对话框中选择文件位置，单击"打开"按钮，改变用户文件默认路径。

⑤"Steering Wheels"选项卡。主要用于对 Steering Wheels 视图导航工具进行设置，如图 2-13（b）所示。

(a)"文件位置"选项卡　　　　(b)"Steering Wheels"选项卡

图 2-13　"文件位置"和"Steering Wheels"选项卡

"文字可见性"选项卡：对控制盘消息、工具提示、光标文字可见性进行设置。

"大/小控制盘外观"选项卡：设置大、小控制盘的尺寸和不透明度。

"环视工具行为"选项卡：勾选"反转垂直轴"复选框，向上拖动光标，目标视点升高；向下拖动光标，目标视点降低。

"漫游工具"选项卡：勾选"将平行移动到地平面"复选框可将移动角度约束到地平面，视图与地平面平行移动时，可随意四处查看。取消选择该选项，漫游角度不受约束。

"速度系数"选项卡：用于控制"漫游工具"的移动速度。

"缩放工具"选项卡：勾选"单击一次鼠标放大一个增量"复选框，允许用户通过单击缩放视图。

"动态观察工具"选项卡：勾选"保持场景正立"复选框，视图的两侧将垂直于地平面。

2.2.2　快速访问工具栏

"快速访问工具栏"包含一组常用的工具，用户可根据实际命令使用频率，对该工具栏进行定义编辑，如图 2-14 所示。

图 2-14　快速访问工具栏

2.2.3　功能区选项卡

选项卡在组织中是最高级的形式，其中包含了已经成组的多种多样的功能。功能区默认有 11 个选项卡。其中系统选项卡包含机械、电气和管道，用户可在"选项"对话框中，通过勾选要使用的工具和分析子项，来控制相关选项卡的可见性，如图 2-15 所示。

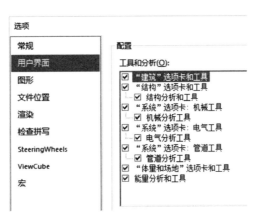

图 2-15　功能区选项卡

（1）"建筑"选项卡

"建筑"选项卡包含了创建建筑模型所需的大部分工具，由构建面板、楼梯坡道面板、模型面板、房间和面积面板、洞口面板、基准面板以及工作平面面板组成，如图 2-16 所示。

图 2-16　"建筑"选项卡

当激活"建筑"选项卡的时候，其他选项卡不被激活，此时看不到其他选项卡中包含的面板，只有在单击其他选项卡的时候其才会被激活。

① 使用"工作平面"面板"🗐"工具可以在平面视图中绘制参照平面，为设计提

供基准辅助。参照平面是基于工作平面的图元，存在于平面空间，在二维视图中可见，在三维视图中不可见。为了使用方便，可对参照平面进行命名，选择要设置名称的参照平面，在属性选项卡"名称"里输入名称。

② Revit 中的每个面板都可以变为自由面板。例如，将光标放置在"楼梯坡道"面板的标题位置，按住鼠标左键向绘图区域拖动，"楼梯坡道"面板将脱离功能区域。在屏幕适当位置松开鼠标，该面板将成为自由面板。此时，切换至其他选项卡，"楼梯坡道"面板仍然会显示在放置位置。将光标移动到"楼梯坡道"面板上时，自由面板会显示两侧边框，如图 2-17 所示。单击右上角的" "按钮可以使浮动面板返回到功能区，也可以拖动左侧" "按钮或标题到所需位置释放鼠标。

③ 面板标题旁的箭头表示该面板可以展开。例如，单击"房间和面积"面板标题旁的" "按钮，展开扩展面板，其隐含的工具会显示出来。单击扩展面板左下方的" "按钮，扩展面板被锁定，始终保持展开状态。再次单击该按钮取消锁定，此时单击面板以外的区域时，展开的面板会自动关闭，如图 2-18 所示。

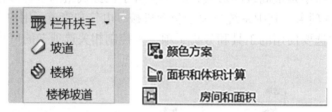

图 2-17　设置自由面板　　　　图 2-18　锁定面板

④ 在选项卡名称所在行的空白区域，单击鼠标右键，勾选"显示面板标题"复选框，显示面板标题，如图 2-19 所示。

图 2-19　显示面板标题

⑤ "按键提示"提供了一种通过键盘来访问应用程序菜单、快速访问工具栏和功能区的方式。按键盘上的"Alt"键显示按键提示，如图 2-20 所示。继续访问"建筑"选项卡，按键盘"A"键显示"建筑"选项卡下所有命令的快捷方式；单击键盘"Esc"键，隐藏按键提示。

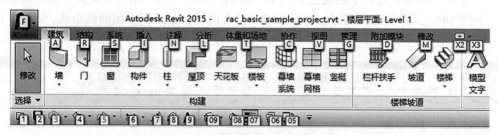

图 2-20　通过键盘访问应用程序菜单

功能区有 3 种显示模式，即最小化为面板按钮、最小化为面板标题、最小化为选项卡。单击功能区最右侧" "按钮，可在以上各种状态中进行切换。

（2）其他选项卡

"结构"选项卡包含了创建结构模型所需的大部分工具。"系统"选项卡包含了创建机电、管道、给排水模型所需的大部分工具。"插入"选项卡通常用来链接外部的文件，例如，链接二维、三维的图像或者其他的 Revit 项目文件。从族文件中载入内容，可以使用"载入族"命令。"载入族"是通用的命令，在大多数编辑命令的上下文选项卡中都可以找到，如图 2-21 所示。

图 2-21　"插入"选项卡

①"注释"选项卡。包含了很多必要的工具，这些工具可以实现注释、标记、尺寸标注或者记录项目信息的图形化，如图 2-22 所示。

图 2-22　"注释"选项卡

②"分析"选项卡。用于编辑能量分析的设置以及运行能量模拟，如 Green Building Studio，要求 Autodesk 的速博账户可以访问在线的分析引擎。

③"体量和场地"选项卡。用于建模和修改概念体量族和场地图元的工具，如添加地形表面、建筑红线等图元。

④"协作"选项卡。用于团队中项目管理或者使用链接文件与其他团队合作。

⑤"视图"选项卡。"视图"选项卡中的工具用于创建本项目所需要的视图、图纸和明细表等，如图 2-23 所示。

图 2-23　"视图"选项卡

⑥"管理"选项卡。用于访问项目标准以及其他的一些设置，其中包含了设计选项和阶段化的工具，以及一些查询、警告、按 ID 进行选择等工具，可以帮助我们更好地运行项目。其中最重要的设置是"对象样式"，通过"对象样式"可以管理全局的可见性、投影、剪切，以及显示的颜色和线宽。

⑦"修改"选项卡。用于编辑现有图元、数据和系统的工具，包含了操作图元时需要使用的工具。例如，剪切、拆分、移动、复制和旋转等工具，如图 2-24 所示。

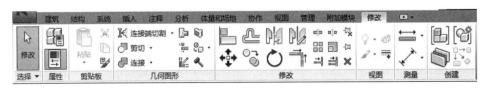

图 2-24　"修改"选项卡

2.2.4   上下文选项卡

除了在功能区默认的 11 个选项卡以外，还有一个选项卡是上下文选项卡。上下文选项卡是在选择特定图元或者创建图元命令执行时才会出现的选项卡，包含绘制或者修改图元的各种命令。退出该工具或清除选择时，上下文选项卡将关闭。打开样例文件的上下文选项卡，可切换到南立面视图。例如，当项目需要添加或者修改墙时，系统切换到"修改 | 墙"上下文选项卡，在"修改 | 墙"上下文选项卡下放置的是关于修改墙体的基本命令，如图 2-25 所示。

图 2-25   上下文选项卡

2.2.5   选项栏、状态栏

（1）选项栏

选项栏位于功能区下方，其内容因当前工具或所选图元而异。在选项栏里设置参数时，下一次会直接采用默认参数。

依次单击"建筑"选项卡、"构建"面板、"墙"按钮，其选项栏如图 2-26 所示。在选项栏中可设置墙体竖向定位面、墙体到达高度、水平定位线，勾选"链"复选框，设置偏移量以及半径等。其中勾选"链"复选框后可以连续绘制；偏移量和半径不可以同时设置数值；在展开的"定位线"下拉列表中，可选择墙体的定位线。

图 2-26   选项栏

在选项栏上，单击鼠标右键，选择"固定在底部"选项，如图 2-27 所示，可将选项栏固定在 Revit 窗口的底部（状态栏上方）。

图 2-27   选项栏固定

（2）状态栏

状态栏在应用程序窗口底部显示。当使用某一工具时，状态栏左侧会提供一些技巧或提示，告诉用户做些什么。高亮显示图元或构件时，状态栏会显示族和类型的名称。状态栏默认显示"单击可进行选择"；按"Tab"键并单击可选择其他项目；按"Ctrl"键并单击可将新项目添加到选择集；按"Shift"键并单击可取消选择。

2.2.6   "属性"选项板与项目浏览器

"属性"选项板与项目浏览器是 Revit 中常用的面板，在进行图元操作时必不可少。

（1）"属性"选项板

"属性"选项板主要用于查看并修改用来定义 Revit 中图元属性的参数，由类型选择器、属性过滤器、编辑类型和实例属性 4 个部分组成，如图 2-28 所示。

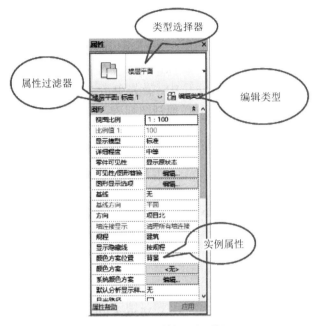

图 2-28　"属性"选项板

类型选择器：标识当前选择的族类型，并提供一个可从中选择其他类型的下拉列表。在类型选择器上单击鼠标右键，然后单击"添加到快速访问工具栏"选项，可将类型选择器添加到快速访问工具栏上。也可以单击"添加到功能区修改选项卡"选项，将类型选择器添加到"修改"选项卡，如图 2-29 所示。

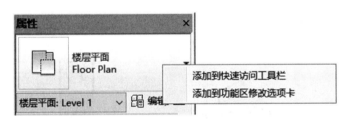

图 2-29　类型选择器

属性过滤器：在类型选择器的下方，用来标识将要放置的图元类别，或者标识绘图区域中所选图元的类别和数量。

编辑类型：同一组类型属性由一个族中的所有图元共用，而且特定族类型的所有实例的每个属性都具有相同的值。在选中单个图元或者一类图元时，单击"编辑类型"按钮，打开"类型属性"对话框即可查看并修改选定图元或视图的类型属性。修改类型属性的值会影响该族类型当前和将来的所有实例。

实例属性：标识项目当前视图属性或所选图元的实例参数，修改实例属性的值只影响选择集内的图元或者将要放置的图元。

（2）项目浏览器

项目浏览器用于组织和管理当前项目中包括的所有信息，如项目中所有视图、明细表、图纸、族、组、链接的 Revit 模型等项目资源，如图 2-30 所示。

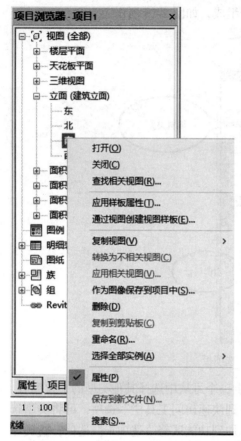

项目浏览器呈树状结构，各层级可展开或折叠。使用项目浏览器时，双击对应的视图名称，可以在各视图中进行切换。在项目浏览器中，首先单击"立面"前的"⊞"按钮，展开立面视图列表，然后双击"南"，切换到南立面视图。在打开多个窗口后，可单击视图的"✖"按钮，关闭当前打开的视图窗口，Revit 将显示上次打开的视图。连续单击视图窗口控制栏中的"✖"按钮，直到最后一个视图窗口关闭时，Revit 将关闭项目。

2.2.7　View Cube 与导航栏

（1）View Cube

View Cube 默认显示在三维视图窗口的右上角。View Cube 立方体的各顶点、边、面和指南针的指示方向，代表三维视图中不同的视点方向，单击立方体或指南针的各部位可以切换视图的方向。按住 View Cube 或指南针上任意位置并拖动鼠标，可以旋转视图，如图 2-31 所示。在"视图"选项卡，"窗口"面板，"用户界面"下拉列表中，可以设置 View Cube 在三维视图中是否显示，如图 2-32 所示。

图 2-30　项目浏览器

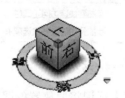

图 2-31　View Cube　　　图 2-32　设置 View Cube

（2）导航栏

导航栏用于访问导航工具，包括 View Cube 和 Steering Wheels，导航栏在绘图区域沿窗口的一侧显示。在"视图"选项卡，"窗口"面板，"用户界面"下拉列表中，可以设置导航栏在三维视图中是否显示。标准导航栏如图 2-33 所示。单击导航栏上的"◎"按钮可以启动 Steering Wheels。Steering Wheels 是控制盘的集合，通过这些控制盘，可以在专门的导航工具之间快速切换，如图 2-34 所示。

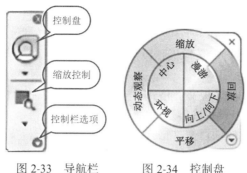

图 2-33　导航栏　　　　图 2-34　控制盘

2.2.8　视图控制栏

视图控制栏位于 Revit 窗口底部、状态栏上方，可以快速访问影响绘图区域的功能，如图 2-35 所示。

图 2-35　视图控制栏

视图控制栏上的命令从左至右分别是：比例"1：100"、详细程度"▨"、视觉样式"▱"、打开/关闭日光路径"✿"、打开/关闭阴影"◑"、显示/隐藏渲染对话框"◱"（仅当绘图区域显示三维视图时才可用）、裁剪视图"▱"、显示/隐藏裁剪区域"▱"、解锁/锁定三维视图"▱"、临时隐藏隔离"◌"、显示隐藏的图元"♀"、临时视图属性"▥"、隐藏分析模型"▥"、高亮显示位移集"▥"（仅当绘图区域显示三维视图时才可用）。

2.3　Revit 基本命令

启动 Revit 时，默认情况下将显示"最近使用的文件"窗口，在该界面中，Revit 会分别按时间顺序依次列出最近使用的项目文件和最近使用的族文件缩略图和名称，如图 2-36 所示。

图 2-36　"最近使用的文件"窗口

Revit 中提供了若干样板，可以用于不同规程，例如建筑、装饰、给排水、电气、消防、暖通、道路、桥梁、隧道、水利、电力、铁路等各个专业，也可以用于各种建筑项目类型，当然也可以创建自定义样板，以满足特定的需要。

Revit 支持以下格式：

rte 格式：Revit 的项目样板文件格式，包含项目单位、提示样式、文字样式、线型、线宽、线样式、导入/导出设置内容。

rvt 格式：Revit 生成的项目文件格式，通常基于项目样板文件（rte 文件）创建项目文件，编辑完成后，保存为 rvt 文件，作为设计所用的项目文件。

rft 格式：创建 Revit 可载入族的样板文件格式，不同类别的族要选择不同的族样板文件。

rfa 格式：Revit 可载入族的文件格式，用户可以根据项目需要创建自己的常用族文件，以便随时在项目中调用。

为了实现多软件环境的协同工作，Revit 提供了导入、链接、导出工具，可以支持 DWF、CAD、FBX 等多种文件格式。

2.3.1　项目打开、新建和保存

在 Revit 软件使用过程中，打开、新建和保存是一个项目最基本的操作。

（1）打开项目文件、族文件

①打开项目文件。在"最近使用的文件"窗口中，单击"项目"下的"打开"按钮，在弹出的"打开"对话框中，选择需要打开的项目文件，单击"打开"按钮，如图 2-37 所示。在"最近使用的文件"窗口中，单击"缩略图"打开项目文件。

单击"![]"按钮，将光标移动到"打开"按钮上，在展开的"打开"侧拉列表中，单击"项目"按钮，在弹出的"打开"对话框中，选择需要打开的项目文件，单击"打开"按钮。

②打开族文件。在"最近使用的文件"窗口中，单击"族"下的"打开"按钮，在弹出的"打开"对话框中，选择需要打开的族文件，单击"打开"按钮。如图 2-38 所示。

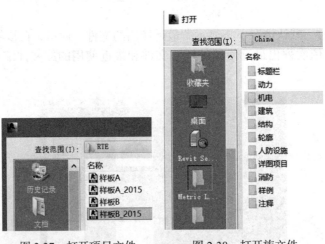

图 2-37　打开项目文件　　　　图 2-38　打开族文件

（2）新建项目文件、族文件

①新建项目文件。在"最近使用的文件"窗口中，单击"项目"下的"新建"按钮，

在弹出的"新建项目"对话框中，选择需要的样板文件，单击"确定"按钮，如图 2-39 所示。在系统默认的样板文件中，如果找不到所需要的文件，可在"新建项目"对话框中单击"浏览"按钮，在打开的"选择样板"对话框中，选择所需要的样板文件，单击"打开"按钮，如图 2-40 所示。

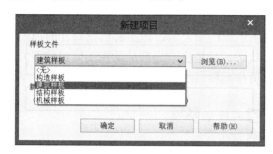
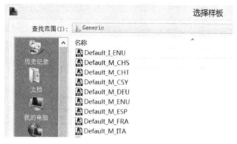

图 2-39　新建项目文件　　　　　　　　图 2-40　选择项目样板

②新建族文件。在"最近使用的文件"窗口中，单击"族"下方的"新建"按钮，在弹出的"新概念体量-选择样板文件"对话框中，选择需要的样板文件，如"公制常规模型"族样板。在"最近使用的文件"窗口中，单击"族"下方的"新概念体量"按钮，选择"公制体量"选项，单击"打开"按钮，如图 2-41 所示。

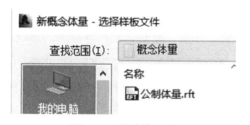

图 2-41　新建族文件

单击"　"按钮，将光标移动到"新建"按钮上，在展开的"新建"侧拉列表中，单击"族"按钮，在弹出的"新建-选择样板文件"对话框中，选择需要打开的样板文件，单击"打开"按钮。

（3）保存项目文件、族文件

①保存项目文件。单击"　"按钮，单击"保存"按钮（或者"Ctrl + S"快捷键），或单击"快速访问工具栏"上的"　"按钮，在打开的"另存为"对话框中命名文件，选择需要保存的文件类型，单击"保存"按钮，项目可以保存为"项目文件（*.rvt）"格式，也可以保存为"样板文件（*.rte）"格式，如图 2-42 所示。

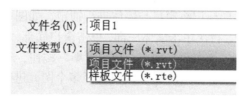

图 2-42　保存项目文件

②保存族文件。单击"　"按钮，单击"保存"按钮（或者"Ctrl + S"快捷键），或单击"快速访问工具栏"上的"　"按钮，在打开的"另存为"对话框中命名文件，

选择需要保存的文件类型，单击"保存"按钮。族文件只能保存为"*.rfa"格式。

2.3.2　视图窗口

　　Revit 窗口中的绘图区域用于展示当前项目的视图、图纸及明细表。每当打开一个新的项目视图时，该视图窗口会默认显示在绘图区域的最上层，覆盖其他已打开的视图窗口，而这些被覆盖的视图窗口依然保持开启状态，只是位于当前活动视图窗口的下方。使用"视图"选项卡"窗口"面板中的工具可排列项目视图，如图 2-43 所示。

图 2-43　"视图"选项卡"窗口"面板

2.3.3　"修改"面板

　　"修改"面板中提供了用于编辑现有图元、数据和系统的工具，包含了操作图元时需要使用的工具。例如：修剪、移动、复制、旋转等常用的修改工具，如图 2-44 所示。

图 2-44　"修改"面板

　　（1）"对齐"工具

　　"对齐"工具的快捷键为"AL"，可以将一个或多个图元与选定的图元对齐。同时，可以锁定对齐，确保其他模型修改时不会影响对齐效果。

　　将窗户底部对齐到墙体底部，依次单击"修改"选项卡、"修改"面板、" "按钮，在状态栏中会出现使用"对齐"工具的提示信息"选择要对齐的线或点参照"，配合键盘"Tab"键选择墙体底部，在墙体底部会出现虚线，状态栏中提示"选择要对齐的实体（它将同参照一起移动到对齐状态）"，单击窗户的底部，将窗户底部对齐到墙体底部，此时会出现锁形标记，单击锁形标记将窗户与墙体进行锁定，如图 2-45 所示。

　　继续对齐第二个窗户，再次单击墙体底部，单击窗户底部，按两次"Esc"键退出"对齐"命令。将窗户顶部对齐到参照平面上，单击" "按钮，在选项栏上，勾选"多重对齐"复选框（也可以在按住"Ctrl"键的同时选择多个图元进行对齐），选择参照平面，依次单击窗户顶部。

　　将模型线左侧的端点对齐到轴网上，依次单击"修改"选项卡、"修改"面板、" "按钮，单击模型线左侧的端点，再次单击轴网线，如图 2-46 所示，最后按"Esc"键退出"对齐"命令。

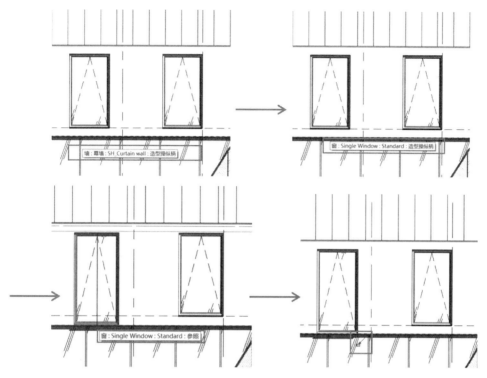

图 2-45　"对齐"工具操作方式

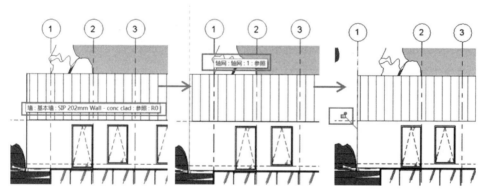

图 2-46　"对齐"工具应用

（2）"移动"工具

"移动"工具的快捷键为"MV"。它的工作方式类似于拖动，但是在选项栏上提供了其他功能，允许进行更精确地放置。在选项栏上，勾选"约束"复选框，可限制图元沿着与其垂直或共线的矢量方向移动。勾选"分开"复选框，可在移动前中断所选图元和其他图元之间的关联。首先，单击一次，目的是输入移动的动点，此时页面上将会显示该图元的预览图像，沿着希望图元移动的方向移动光标，光标会捕捉到捕捉点，此时会显示尺寸标注作为参考，再次单击以完成移动操作。如需更精确地移动图元，可输入移动距离值并按"回车"键或"空格"键完成。

（3）"偏移"工具

"偏移"工具的快捷键为"OF"。它可以将选定的图元（例如线、墙或梁）复制或移动到其长度的垂直方向上的指定距离处；可以偏移单个图元或属于同一个族的一连串图元；可以通过拖动选定图元或输入值来指定偏移距离。

依次单击"修改"选项卡、"修改"面板、" ⬆ "按钮，在选项栏上选择"图形方式"，勾选"复制"，单击玻璃幕墙的底部墙体，再次单击玻璃幕墙选择偏移的起点，在参照平面上单击鼠标左键确定偏移的终点，如图 2-47 所示。

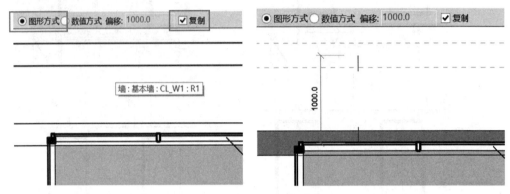

图 2-47 "偏移"工具操作方式

依次单击"修改"选项卡、"修改"面板、" ⬆ "按钮，在选项栏上指定偏移距离的方式为"数值方式"，勾选"复制"，在偏移框中输入"500.0"。将光标放置在墙体内侧，配合键盘"Tab"键选择玻璃幕墙的整条链，单击鼠标左键，如图 2-48 所示，按"Esc"键退出对齐命令。

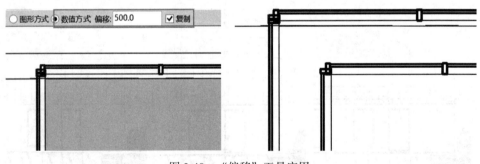

图 2-48 "偏移"工具应用

（4）"复制"工具

"复制"工具的快捷键为"CO"，也可以按住"Ctrl"键，拖动鼠标左键进行复制。"复制"工具可复制一个或多个选定图元。它与"复制到剪贴板"工具不同，在复制某个选定图元并立即放置该图元时可使用"复制"工具，在放置副本之前切换视图时可使用"复制到剪切板"工具。选择要复制的图元，依次单击"修改｜〈图元〉"选项卡、"修改"面板、" ⬚ "按钮，或依次单击"修改"选项卡、"修改"面板、" ⬚ "按钮，选择要复制的图元，然后按"回车"键或"空格"键。

例如：以家具为例进行"复制"工具的操作练习，选择想要复制的家具图元，在"修改｜〈柱〉"上下文选项卡，依次单击"修改"面板、" ⬚ "按钮。在选项栏上勾选"约束"和"多个"复选框，单击"轴线 2"作为复制的起点，向右移动鼠标，单击"轴线 3"作为复制的终点。因为已勾选"多个"复选框，所以可以继续向右复制，如图 2-49 所示。依次单击"修改"选项卡、"修改"面板、"🔲"按钮，选择柱，然后按"回车"键或"空格"键。在选项栏上取消勾选"约束"复选框，单击家具的中心位置作为复制起点，向右下方移动鼠标单击一点作为家具的复制终点，如图 2-50 所示，按"Esc"键两次退出"复制"命令。

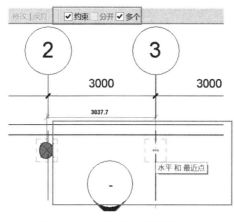

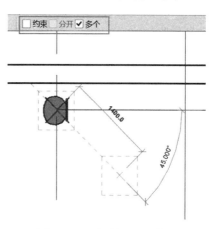

图 2-49   "复制"工具操作方式   图 2-50   "复制"工具应用

（5）"旋转"工具

"旋转"工具的快捷键为"RO"，使用"旋转"工具可使图元围绕轴旋转。在楼层平面视图、天花板投影平面视图、立面视图和剖面视图中，图元可围绕垂直于这些视图的轴进行旋转。在三维视图中，该轴垂直于视图的工作平面。如果需要，可以拖动或单击旋转中心控件，然后按"空格"键，或在选项栏选择旋转中心，以重新定位旋转中心，然后单击鼠标指定第一条旋转线，再单击鼠标来指定第二条旋转线。

（6）"镜像"工具

"镜像"工具的快捷键为"MM"。使用一条线作为镜像轴，对所选图元执行镜像（反转其位置），可以拾取镜像轴，也可以绘制临时轴。使用"镜像"工具可以反转选定图元，或者生成图元的一个副本并反转其位置。选择要镜像的图元，单击"修改｜〈图元〉"选项卡中的"修改"面板，单击"🔲"或者"🔲"按钮；或依次单击"修改"选项卡、"修改"面板、"🔲"或"🔲"按钮，选择要反转的图元，然后按"回车"键或"空格"键。

例如：以门为例进行"镜像"工具的操作练习，选中想要镜像的门，依次单击"修改"面板、"🔲"按钮、参照平面，如图 2-51 所示。或者单击"🔲"按钮，选择门，然后按"回车"键，根据需要在适当的位置绘制镜像轴。

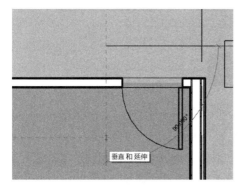
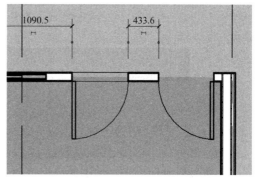

图 2-51   "镜像"工具应用

（7）"阵列"工具

"阵列"工具的快捷方式为"AR"。它用于创建选定图元的线性阵列或半径阵列，使用"阵列"工具可以创建一个或多个图元的多个实例，并同时对这些实例执行操作，阵列中的实例可以是组的成员。此外，可以指定图元之间的距离。阵列可以分为线性阵列"⽥"和径向阵列"⟲"两种。选择"阵列"工具后，在选项栏上会有移动到第二个和最后一个的选项。

对图元-植物进行陈列：选择植物，在"修改 | 植物"上下文选项卡，单击"修改"面板上的"🔡"按钮，在选项栏上选择"线性"命令，勾选"成组并关联"复选框，项目数为"4"，勾选"第二个"复选框，勾选"约束"复选框，选择植物的端点，输入距离为 2000mm，然后按"回车"键，如图 2-52 所示。在数字框中可以根据绘图需要来改变图元的个数，按"Esc"键结束操作。当再次选择植物时，植物是成组的，单击"成组"面板的"🔞"按钮，可将它们解组。

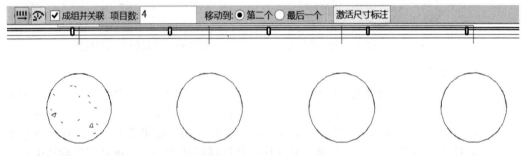

图 2-52　"阵列"工具应用

（8）"缩放"工具

"缩放"工具的快捷键为"RE"。"缩放"工具可以调整选定项的大小，通常是调整线性类图元（如墙体和草图线）的大小。缩放的方式有两种，分别为"图形方式"和"数值方式"。

例如：新建项目文件，使用墙工具绘制一段墙体。选中墙体，在"修改 | 墙"上下文选项卡中单击"修改"面板，单击"🔲"按钮，在选项栏上，选择"图形方式"复选框，单击墙体上一点作为缩放起点，移动光标时会有缩放的预览图像出现，单击一点作为缩放终点，如图 2-53 所示。

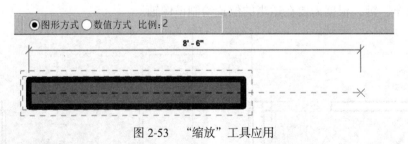

图 2-53　"缩放"工具应用

（9）"修剪/延伸"工具

使用"修剪/延伸"工具可以修剪/延伸一个或多个图元到由相同的图元类型定义的边界上，也可以延伸不平行的图元以形成角，或者在它们相交时进行修剪以形成角。选择要修剪的图元时，光标位置指定要保留的图元部分。

2.3.4　视图裁剪、隐藏和隔离

裁剪区域定义了项目视图的边界，可以在所有图形项目视图中显示模型裁剪区域和注释裁剪区域。如果只是想查看或编辑视图中特定类别的少数几个图元，临时隐藏或隔离图元/图元类别会很方便。"隐藏"工具可在视图中隐藏所选图元，"隔离"工具可在视图中显示所选图元并隐藏其他所有图元，该工具只会影响绘图区域中的活动视图。当关闭项目时，除非该修改是永久性修改，否则图元的可见性将恢复到初始状态。

（1）视图裁剪

模型裁剪区域可用于裁剪位于模型裁剪边界上的模型图元、详图图元（例如：隔热层和详图线）、剖面框和范围框。位于模型裁剪边界上的其他相关视图的可见裁剪边界也会被裁剪。只要注释裁剪区域接触到注释图元的任意部分，注释裁剪区域就会完全裁剪注释图元，参照隐藏或裁剪模型图元的注释（例如：符号、标记、注释记号和尺寸标注）不会显示在视图中，即使这些注释在注释裁剪区域内部也是如此，透视三维视图不支持注释裁剪区域。

在视图控制栏上单击"🔲"按钮或者在属性中选项勾选"裁剪区域可见""注释裁剪"复选框可控制裁剪区域可见性，如图 2-54 所示。

范围	
裁剪视图	☑
裁剪区域可见	☑
注释裁剪	☐
远剪裁	不剪裁
远剪裁偏移	21301.2
范围框	无

图 2-54　视图控制栏

可以通过使用控制柄或明确设置尺寸来根据需要调整裁剪区域的尺寸。使用拖动控制柄调整裁剪区域的尺寸时，鼠标选择裁剪区域，拖动控制柄到所需位置。使用截断线控制柄"↯"调整裁剪区域的尺寸时，将光标放置在截断线控制柄附近，画"×"部分表示将删除的视图部分，截断线控制柄可将视图截断为单独区域，如图 2-55 所示。

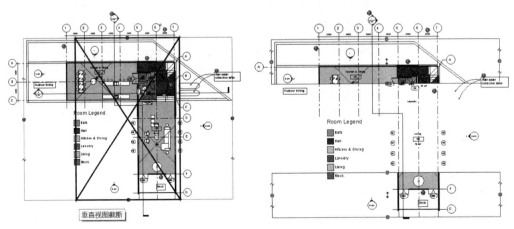

图 2-55　视图控制应用

（2）临时隐藏/隔离

临时隐藏/隔离图元或图元类别：在绘图区域中，选择一个或多个图元，在视图控制栏上，单击"🐬"按钮，然后选择下列选项之一。

①隔离类别：选择"屋顶"，单击"隔离类别"按钮后只有屋顶在视图中可见，如图 2-56 所示。

②隐藏类别：隐藏视图中的所有选定类别。选择"屋顶"，单击"隐藏类别"按钮后所有屋顶都会在视图中隐藏，如图 2-57 所示。

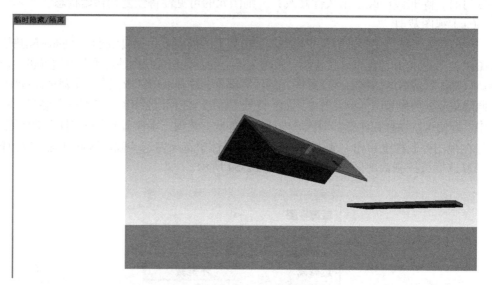

图 2-56　隔离类别

图 2-57　隐藏类别

③隔离图元：仅隔离选定图元，选择"屋顶"，单击"隔离图元"按钮后只有被选择的屋顶会在视图中可见，如图 2-58 所示。

④隐藏图元：仅隐藏选定图元，选择"屋顶"，单击"隐藏图元"按钮后只有被选择的屋顶会在视图中隐藏，如图 2-59 所示。

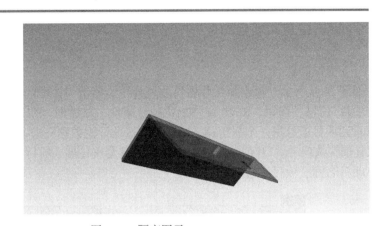

图 2-58　隔离图元

图 2-59　隐藏图元

临时隐藏/隔离图元或图元类别时，将显示带有边框的"临时隐藏/隔离"图标（ ）。在视图控制栏上，单击" "按钮，然后单击"重设临时隐藏/隔离"按钮，所有临时隐藏或隔离的图元将恢复到视图中，退出"临时隐藏/隔离"模式并保存修改。在视图控制栏上，单击" "按钮，然后单击"将隐藏/隔离应用到视图"按钮，重新恢复到原来的状态则在视图控制栏上，单击" "按钮。此时，"显示隐藏的图元"的图标和绘图区域将显示一个彩色边框，用于指示处于显示隐藏图元模式下，所有隐藏或隔离的图元都以彩色显示，而可见图元则显示为半色调。选择隐藏或隔离的图元，在图元上单击鼠标右键，展开取消在视图中隐藏的侧拉列表选择图元或类别。最后在视图控制栏上，单击"显示隐藏的图元"按钮。

2.4　Revit 项目设置

一般情况下，不同的项目有不同的项目信息和项目单位。项目信息和项目单位是根据项目的环境来进行设置的。

2.4.1 项目信息和项目单位

（1）项目信息

如图 2-60 所示，新建并打开项目建筑样板，单击"管理"选项卡下"设置"面板中的"项目 信息"按钮，Revit 会弹出"项目属性"对话框。在"项目属性"对话框中，可以看到项目信息是一个系统族，同时包含了"标识数据"选项卡、"能量分析"选项卡和"其他"选项卡。"其他"选项卡中包括项目发布日期、项目状态、客户姓名、项目地址、项目名称、项目编号和审定。

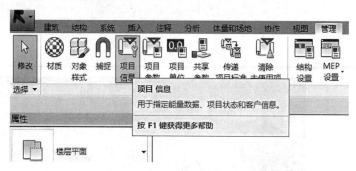

图 2-60　项目信息

在"标识数据"选项卡中可设置组织名称、组织描述、建筑名称以及作者。在"能量分析"选项卡中，可以设置"能量设置"。"能量设置"对话框中包含了"通用"选项卡、"详图模型"选项卡、"能量模型"选项卡。"通用"选项卡又包含建筑类型、位置、地平面，如图 2-61 所示。

（2）项目单位

单击"管理"选项卡下"设置"面板中的"项目单位"按钮，弹出"项目单位"对话框，如图 2-62 所示。可以设置相应规程下每一个单位所对应的格式。

图 2-61　项目信息设置

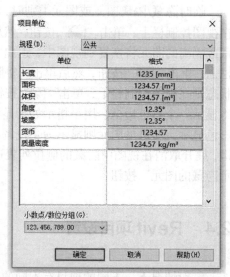

图 2-62　项目单位设置

2.4.2　材质、对象样式

单击"管理"选项卡下"设置"面板中的"材质"按钮，如图 2-63 所示，弹出"材质浏览器"对话框。

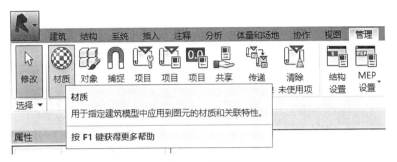

图 2-63　材质

在"材质浏览器"对话框中，有 5 个组成部分，第一部分是搜索栏，可以搜索项目材质列表里的所有材质，例如输入"水泥"两个字，材质列表里会出现水泥相关的材质，如图 2-64 所示。

（1）复制/新建材质

以创建一个"镀锌钢板"材质为例。通过上一步打开"材质浏览器"对话框之后，在项目材质列表里选择"不锈钢"材质，如图 2-65 所示，单击右键，在下拉列表中选择"重命名"选项，直接将其名称改为"镀锌钢板"。单击"确定"按钮，退出"材质浏览器"对话框。

图 2-64　材质浏览器

（2）添加项目材质

打开"材质浏览器"对话框之后，选择"AEC 材质"库里的"金属"选项，同时右边的材质库列表会显示金属的相关材质，选择"金属嵌板"材质，单击右侧出现的隐藏按钮"⬆"，该材质会自动添加到项目材质列表中，如图 2-66 所示。

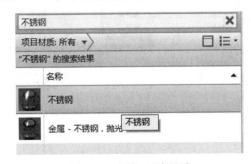

图 2-65　复制/新建材质

图 2-66　添加项目材质

（3）创建新材质库

根据（2）中的步骤，打开"材质浏览器"对话框之后，单击左下方"🗂▼"按钮，选择"创建新库"选项,弹出"选择文件"对话框。浏览到桌面上,输入文件名为"我的材质.adsklib"。同时,确定库文件的后缀为".adsklib",单击"保存"按钮,Revit 将创建新材质库,如图 2-67 所示。

选择"我的材质"材质库,单击鼠标右键,在下拉列表中选择"创建类别"按钮,新类别将创建在该库的下面,如图 2-68 所示,修改类别名称为"我的金属"。

图 2-67 创建新材质库　　图 2-68 修改"我的材质"

① 选择"我的金属"类别,单击鼠标右键,在下拉列表中选择"创建类别"可以继续创建更多的新类别,并且对其进行重命名。

② 可以将项目材质列表里的"不锈钢"材质添加到"我的金属"类别里,选择"不锈钢"材质,单击鼠标右键,在侧拉列表选择"添加到"选项,继续在侧拉列表选择"我的材质",再继续选择"我的金属"按钮,该"不锈钢"材质会自动添加到"我的金属"类别列表中,如图 2-69 所示,并且还可以对其进行重命名。单击"确定"按钮,退出"材质浏览器"对话框。

③ 同理,也可以将材质库列表的材质添加到"我的金属"类别里。

④ 在"AEC 材质"库里选择"金属"按钮,选择"钢"材质,单击鼠标右键,再依次选择"添加到"选项、"我的材质"选项、"我的金属"选项,如图 2-70 所示,该材质会添加到"我的金属"类别中。单击"确定"按钮,退出"材质浏览器"对话框。

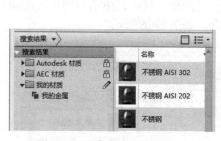 

图 2-69 重命名"我的材质"　　图 2-70 添加到"我的金属"

2.4.3 项目参数

项目参数用于指定可添加到项目中的图元类别以及在明细表中使用的参数,注意项目参数不可以与其他项目或族共享,也不可以出现在标记中。

以第七期全国 BIM 技能等级考试一级试题第五题"独栋别墅"项目为例，设置门、窗属性，添加实例项目参数，名称为"编号"。具体操作步骤如下：

① 单击"管理"选项卡下"设置"面板中的"项目参数"按钮，弹出"项目参数"对话框，Revit 会给出一些项目参数供选择，单击右边的"添加"按钮，弹出"参数属性"对话框。

② 如图 2-71 所示，确定参数类型为项目参数，在"类别"对话框的过滤器列表中选择"建筑"，在下拉列表中勾选"窗"和"门"两个类别。在左边参数数据下输入名称为"编号"，设置参数类型为"文字"，勾选"实例"复选框，单击"确定"按钮，退出"参数属性"对话框。

图 2-71　参数属性

③ 同时，在"项目参数"对话框里显示刚刚创建的项目参数"编号"，处于选中状态下，单击"确定"按钮，退出"项目参数"对话框，当选中项目中的门或窗时，属性选项板中实例属性将出现"编号"参数，如图 2-72 所示。

④ 用明细表统计门窗数量时，项目参数会出现在明细表字段中，例如创建门明细表。若统计门的"编号"，可以将它添加到右边的明细表字段中，如图 2-73 所示。

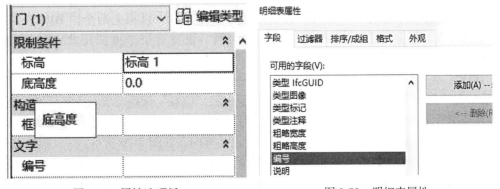

图 2-72　属性选项板　　　　　　　图 2-73　明细表属性

2.4.4　项目地点、旋转正北

（1）项目地点

项目地点用于指定项目的地理位置，可以用"Internet 映射服务"，通过搜索项目位置的街道地址或者项目的经纬度来直观显示项目位置。在为日光研究、漫游和渲染图像生成阴影时，该适用于整个项目范围的设置非常有用。

以第七期全国 BIM 技能等级考试一级试题第五题"独栋别墅"项目为例，设置项目地点为"中国上海"。操作步骤如下：

打开"独栋别墅"项目文件，单击"管理"选项卡下"项目位置"面板中的"地点"按钮。弹出"位置、气候和场地"对话框，如图 2-74 所示。

方法一：在"位置"选项卡中"定义位置依据（D）"下选择"默认城市列表"选项，在城市后面单击下拉列表符号，展开其下拉列表，从列表中选择"上海，中国"选项，单击"确定"按钮，退出"位置、气候和场地"对话框。

方法二：打开"位置、气候和场地"对话框，若计算机连接了 Internet，在"位置"选项卡下"定义位置依据（D）"列表选择"Internet 映射服务"选项，如图 2-75 所示，输入项目地址名称为"Shanghai，China"，单击搜索。通过 Google Maps（谷歌地图）服务显示项目的位置，以及经度和纬度。单击"确定"按钮，退出"位置、气候和场地"对话框。

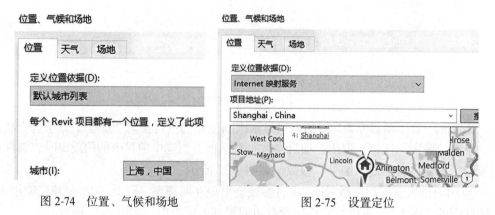

图 2-74　位置、气候和场地　　　　　图 2-75　设置定位

（2）旋转正北

旋转正北可以相对于"正北"方向修改项目的角度。以第七期全国 BIM 技能等级考试一级试题第五题"独栋别墅"项目为例，设置首层平面图正北方向为北偏东30°。

打开"独栋别墅"项目文件，切换至首层平面图，修改属性选项板里方向为"正北"。然后单击"管理"选项卡下"项目位置"面板中的"位置"按钮。展开下拉列表，选择"旋转正北"选项，在选项栏中输入从项目到正北方向的角为 30°，修改后面的方向为"西"，按一次"回车"键，Revit 会自动调整正北方向，如图 2-76 所示。

若不设置选项栏数值，也可以直接向东转 30°，如图 2-77 所示，单击选项栏旋转中心后面的"地点"按钮，可以重新设置旋转中心或配合键盘"空格"键重新设置旋转中心。

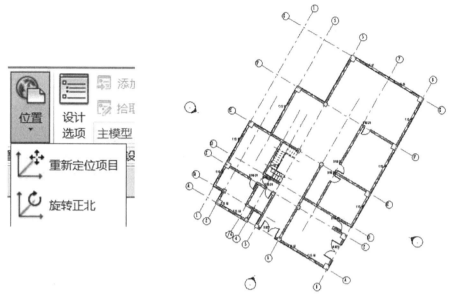

图 2-76　旋转正北

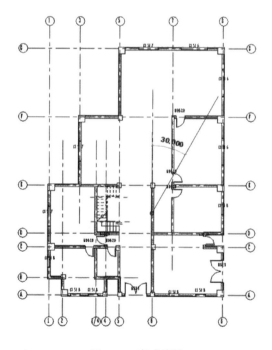

图 2-77　完成旋转

2.4.5　项目基点、测量点

项目基点定义了项目坐标系的原点（0,0,0）。此外，项目基点还可用于在场地中确定建筑的位置，并在构造期间定位建筑的设计图元。参照项目坐标系的高程点坐标和高程点相对于此点显示。

打开视图中的项目基点和测量点的可见性，切换至场地平面图，单击"视图"选项卡下"图形"面板中的"可见性/图形"按钮，弹出"可见性/图形"对话框（快捷键"VV"）。在"可见性/图形"对话框的"模型类别"选项卡中，向下滚动到"场地"并将其展开。勾选"项目基点"和"测量点"复选框，如图 2-78 所示。"项目基点"和"测量点"可以在任何一个楼层平面图中显示。

图 2-78　项目基点和测量点

2.4.6　其他设置

其他设置用于定义项目的全局设置，可以使用这些设置来自定义项目的属性，例如，单位、线型、载入的标记、注释记号和对象样式。以第七期全国 BIM 技能等级考试一级试题第五题"独栋别墅"项目为例，本节主要讲解线样式、线宽、线型图案。

（1）创建线样式

单击"管理"选项卡下"设置"面板中的"其他设置"按钮，展开下拉列表，如图 2-79 所示。

弹出"线样式"对话框，单击右下方修改子类别下"新建"按钮，弹出"新建子类别"对话框，输入名称为"模拟线"，单击"确定"按钮，退出"新建子类别"对话框。设置模拟线的颜色为"红色"，单击"确定"按钮，再次单击"确定"按钮，退出"线样式"对话框，如图 2-80 所示。

（2）线宽

"线宽"对话框用于创建或修改线宽，可以控制模型线、透视视图线或注释线的线宽。对于模型图元，线宽取决于视图比例。单击

图 2-79　创建线样式　"管理"选项卡下"设置"面板中的"其他设置"按钮，展开下拉列表，选择"线宽"选项，打开"线宽"对话框。线宽分为模型线宽、透视视图线宽。模型线宽共 16 种，可以根据每一个视图设置每种模型线宽的大小。单击右边的"添加"按钮，打开"添加比例"对话框，单击下拉列表符号按钮，展开下拉列表，选择"1：5000"，单击"确定"按钮，再次单击"确定"按钮，退出"线宽"对话框，如图 2-81 所示。

（3）线型图案

单击"管理"选项卡下"设置"面板中的"其他设置"按钮，展开下拉列表，选择"线型图案"选项，打开"线型图案"对话框。在"线型图案"对话框中，将显示所有项

目模型图元的线型图案。选择某一个线型图案，单击右边的"编辑"按钮，可以修改原名称和类型值；单击右边的"删除"按钮可以删除该线型图案；单击"重命名"按钮，可对该线型图案重命名，如图 2-82 所示。

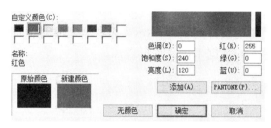

图 2-80　设置模拟线的颜色

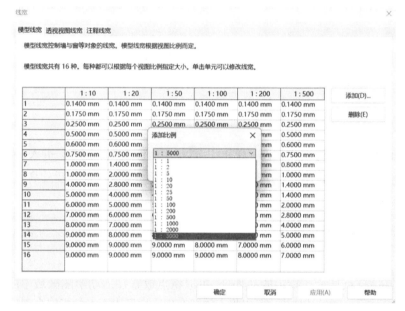

图 2-81　添加线宽比例

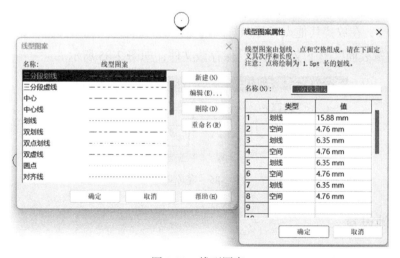

图 2-82　线型图案

2.5　Revit 建筑场地与轴网标高创建

地形表面的创建是场地设计的基础，Revit 提供了多种创建地形表面的方式，大多数情况下使用放置点或导入的数据来定义地形表面。

2.5.1　创建地形表面

以"建筑样板"创建一个新项目文件，在"体量和场地"选项卡下的"场地建模"面板和"修改场地"面板中使用"地形表面"工具，可以为项目创建地形表面模型，如图 2-83 所示。

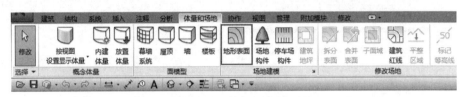

图 2-83　创建地形表面

打开三维视图或场地平面视图，单击" "（地形表面）按钮。进入"修改|编辑表面"上下文选项卡。在选项栏上，设置"高程"的值。通过放置点及其高程创建地形表面，如图 2-84 所示。

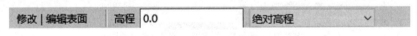

图 2-84　编辑表面

① 绝对高程。点显示在指定的高程处，可以将点放置在活动绘图区域中的任何位置。

② 相对于表面。通过该选项，可以将点放置在现有地形表面上的指定高程处，从而编辑现有地形表面。要使该选项的使用效果更明显，需要在着色的或者真实的三维视图中工作。

③ 在"场地"平面视图绘图区域中单击放置点。

如果需要，在放置其他点时可以修改选项栏上的高程。单击对钩" ✔ "按钮，退出"修改|编辑表面"上下文选项卡，保存该文件，如图 2-85 所示。

图 2-85　完成创建

2.5.2　场地设置

在"体量和场地"选项卡下的"场地建模"面板上单击对话框启动器" ⬎ "弹出"场

地设置"对话框，如图 2-86 所示。

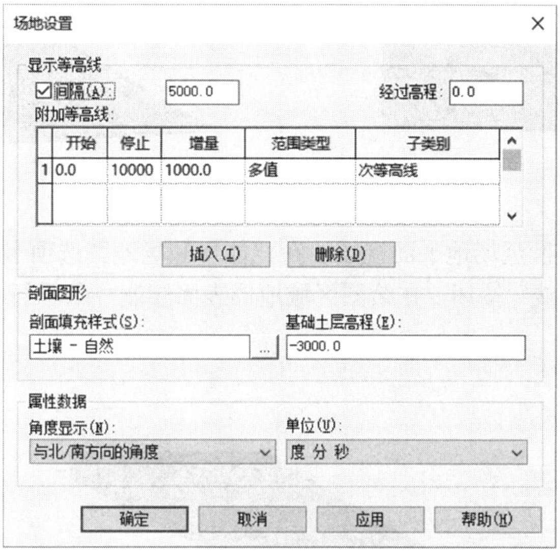

图 2-86　场地设置

显示等高线：如果清除该复选框，自定义等高线仍显示在绘图区域中。

经过高程：等高线间隔可自定义设置参数值。例如，如果将等高线间隔设置为 500，则等高线将显示在 0、500、1000、1500、2000 的位置。如果将经过高程的值设置为 100，则等高线将显示在 100、600、1100、1600、2100 的位置。

附加等高线的操作步骤：

① 开始。设置附加等高线开始显示时的高程。

② 停止。设置附加等高线不再显示时的高程。

③ 增量。设置附加等高线的间隔。

④ 范围类型。选择"单一值"可以插入一条附加等高线，选择"多值"可以插入增量附加等高线。

⑤ 子类别。设置将显示等高线类型，从列表中选择一个值即可。如果要创建自定义线样式，需要在"对象样式"对话框中，打开"模型对象"对话框，然后修改"地形"下的设置。

剖面图形的操作步骤：

① 剖面填充样式。设置在剖面视图中显示的材质。

② 基础土层高程。控制土壤横断面的深度。该值控制项目中全部地形图元的土层深度。

属性数据的操作步骤：

① 角度显示。指定建筑红线标记上角度值的显示方式，可以在"注释—标记—建筑"文件夹中输入建筑红线标记。

② 单位。指定在显示建筑红线表格中的方向值的单位。

查看土层厚度的方式：切换至场地平面视图，如图 2-87 所示。在地形模型中"视图"选项卡下的"创建"面板中单击"剖面"按钮，创建一个平行于 Y 轴方向的剖面。切换至剖面视图，我们可以看到土层厚度。可以在"体量和场地"选项卡下的"场地建模"面板中单击对话框启动器" ↘ "修改其基础土层高程。

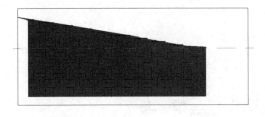
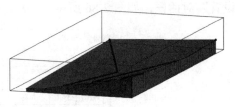

图 2-87   切换至场地平面视图

标记等高线：切换至场地平面视图，在"体量和场地"选项卡下的"修改场地"面板中单击"标记等高线"按钮。在绘图区域地形表面绘制一条平行于 Y 轴的标记等高线，如图 2-88 所示。

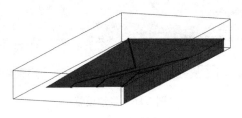

图 2-88   标记等高线

2.5.3   拆分表面、合并表面、子面域

（1）拆分表面

使用"拆分表面"工具（图 2-89）将一个地形表面拆分为两个不同的表面，然后分别编辑这两个表面。当需要将一个地形表面拆分为两个以上的表面时，重复使用"拆分表面"工具，根据需要进一步细分每个地形表面。

在拆分完地形表面后，可以为这些表面指定不同的材质来表示公路、湖、广场或丘陵，也可以删除地形表面的一部分。

打开场地模型，调整至场地平面或三维视图。单击"体量和场地"选项卡下"修改场地"面板中的"拆分表面"按钮 "▨"。在绘图区域中，选择要拆分的地形表面。Revit将进入"修改|拆分表面"上下文选项卡的草图模式。绘制拆分表面草图后，单击完成按钮 "✔" 完成编辑模式，拆分结果如图 2-90 所示。

图 2-89   "拆分表面"工具   图 2-90   完成拆分

（2）合并表面

可以将两个单独的地形表面合并为一个地形表面。此工具对于重新连接拆分地形表

面非常有用。要合并的地形表面必须重叠或共享公共边。

单击"体量和场地"选项卡下"修改场地"面板中的"合并表面"按钮，如图 2-91 所示。选择一个要合并的地形表面，再选择另一个被合并的地形表面。这两个表面将合并为一个。

（3）子面域

地形表面子面域是在现有地形表面中绘制的区域。例如，可以使用子面域在平整表面、道路或岛上绘制停车场。创建子面域不会生成单独的表面。它仅定义可应用不同属性集（例如材质）的表面区域，"子面域"按钮如图 2-92 所示。

图 2-91　"合并表面"按钮　　　　　图 2-92　"子面域"按钮

创建子面域：

① 打开一个显示地形表面的场地平面视图。

② 单击"体量和场地"选项卡下"修改场地"面板中的"子面域"按钮。Revit 将进入"修改|创建子面域边界"上下文选项卡。

③ 单击"⸜"（拾取线）命令或使用其他绘制工具在地形表面上创建一个子面域，如图 2-93 所示。

修改子面域的边界的操作步骤：

① 选择子面域。

② 单击"修改|地形"选项卡下"模式"面板中的"⸜"（编辑边界）按钮，如图 2-94 所示。

③ 单击"⸜"（拾取线）或使用其他绘制工具修改地形表面上的子面域。

图 2-93　创建子面域　　　　图 2-94　修改子面域的边界

2.5.4　建筑红线

可以使用 Revit 中的绘制工具创建建筑红线。在"体量和场地"选项卡中的"修改场地"面板上有"建筑红线"按钮，可以用它来创建建筑红线，如图 2-95 所示。

新建项目，切换至场地平面视图。然后单击"体量和场地"选项卡下"修改场地"面板中的"⸜"（建筑红线）按钮，弹出"创建建筑红线"对话框。在"创建建筑红线"对话框中，选择"通过绘制来创建"，单击""（拾取线）工具或使用其他绘制工具来绘制线；或者通过输入距离和方向角来创建。在"创建建筑红线"对话框中，选择"通过输入距离和方向角来创建"，弹出"建筑红线"对话框。在"建筑红线"对话框中，单击"插入"，然后从测量数据中添加距离和方向角，如图 2-96 所示。

图 2-95　建筑红线图标

将建筑红线描绘为弧：分别输入"距离"和"方向"的值，用于描绘弧上两点之间的线段。选择"弧"作为"类型"。输入一个值作为"半径"。如果弧出现在线段的左侧，请选择"左"作为"左/右"的值。如果弧出现在线段的右侧请选择"右"。

① 根据需要插入其余的线。

② 单击"向上"或"向下"可以修改建筑红线的顺序。

③ 在绘图区域内，将建筑红线移动到确切位置，然后单击放置建筑红线。

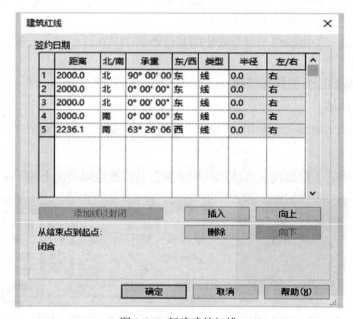

图 2-96　新建建筑红线

2.5.5　建筑地坪

建筑地坪的类型属性：

① 厚度。显示建筑地坪的总厚度。

② 粗略比例填充样式。在粗略比例视图中设置建筑地坪填充样式。在"值"栏中单击，打开"填充样式"对话框。

③ 粗略比例填充颜色。在粗略比例视图中对建筑地坪的填充样式应用某种颜色，如图 2-97 所示。

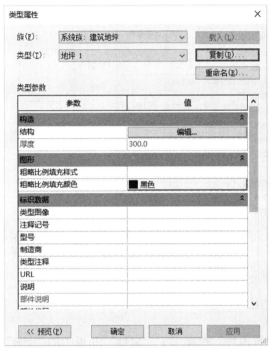

图 2-97　建筑地坪的类型属性

建筑地坪的实例属性：

① 标高。设置建筑地坪的标高，如图 2-98 所示。

② 相对标高。指定建筑地坪偏移标高的正负距离。

③ 房间边界。用来定义房间的范围。

④ 坡度。建筑地坪的坡度。

⑤ 周长。建筑地坪的周长。

⑥ 面积。建筑地坪的面积。

⑦ 体积。建筑地坪的体积。

⑧ 创建的阶段。设置建筑地坪创建的阶段。

⑨ 拆除的阶段。设置建筑地坪拆除的阶段。

创建建筑地坪：新建项目，切换至场地平面模型。单击"体量和场地"选项卡下"场地建模"面板中的" "（建筑地坪）按钮，进入"修改|创建建筑地坪边界"上下文选项卡。使用绘制工具绘制闭合环形式的建筑地坪，如图 2-99 所示。在"属性"选项板中，根据需要设置"相对标高"和其他建筑地坪属性。

修改建筑地坪：打开包含建筑地坪的场地平面视图。单击"修改|建筑地坪"选项卡下"模式"面板中的" "（编辑边界）命令。单击"修改|建筑地坪 > 编辑边界"上下文选项卡中的"绘制"面板绘制工具，然后使用绘制工具进行必要的修改。要使建筑地坪倾斜，请使用坡度箭头。单击" "完成编辑，退出"修改|建筑地坪 > 编辑边界"上下文选项卡。

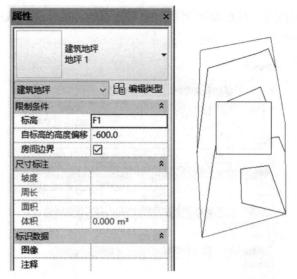

图 2-98　建筑地坪的实例属性　　图 2-99　使用绘制工具
绘制建筑地坪

修改建筑地坪结构的操作步骤:

① 打开包含建筑地坪的场地平面视图。

② 选择建筑地坪。

③ 单击"修改|建筑地坪"选项卡下"属性"面板中的"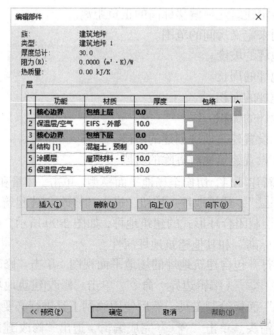"(类型属性)按钮。

④ 在"类型属性"对话框中,单击与"结构"对应的"编辑"按钮,弹出"编辑部件"对话框。

⑤ 在"编辑部件"对话框中,设置各层的功能,如图 2-100 所示。

编辑部件

族:	建筑地坪
类型:	建筑地坪 1
厚度总计:	30.0
阻力(R):	0.0000 (m²·K)/W
热质量:	0.00 kJ/K

层

	功能	材质	厚度	包络
1	核心边界	包络上层	0.0	
2	保温层/空气	EIFS - 外部	10.0	☐
3	核心边界	包络下层	0.0	
4	结构 [1]	混凝土,预制	300	☐
5	涂膜层	屋顶材料 - E	10.0	☐
6	保温层/空气	<按类别>	10.0	☐

| 插入(I) | 删除(D) | 向上(U) | 向下(O) |

| << 预览(P) | 确定 | 取消 | 帮助(H) |

图 2-100　修改建筑地坪

每一层都必须具有指定的功能，使 Revit 可以准确地进行层匹配。各层可被指定下列功能，注意"包络"复选框可以保留为取消选中状态：

结构：用于支撑建筑地坪的其余部分的层。

衬底：作为其他材质基础的材质。

保温层/空气层：提供隔热层并阻止空气流通的层。

面层 1：装饰层（例如，建筑地坪的顶部表面）。

面层 2：装饰层（例如，建筑地坪的底部表面）。

薄膜层：防止水蒸气渗透的零厚度薄膜。

⑥ 设置每一层的"材质"和"厚度"，如图 2-100 所示。

⑦ 单击"插入"来添加新的层，单击"向上"或"向下"来修改层的顺序。

⑧ 单击"确定"两次，退出编辑模式。

2.5.6　放置场地构件

场地构件：用于添加站点特定的图元，如树、汽车、停车场等。

可在场地平面中放置场地专用构件，如果未在项目中载入场地构件，则会出现一条消息，指出尚未载入相应的族。

添加场地构件的操作步骤：

① 新建项目文件，切换至场地平面视图或三维视图。

② 单击"体量和场地"选项卡下"场地建模"面板中的" 🌲 "（场地构件）按钮。

③ 从"类型选择器"中选择所需的构件。

④ 在绘图区域中单击以添加一个或多个构件。

⑤ 放置完构件，如图 2-101 所示，通过选中构件，在属性栏里修改其类型属性和实例属性，修改类型属性时要复制其类型，避免同类型的属性全部发生改动。

图 2-101　场地构件

停车场构件：用于将停车位添加到地形表面中，要添加停车位，必须打开一个视图（建议使用场地平面视图），在其中显示地形表面。地形表面是停车位的主体。

添加停车场构件的操作步骤：

① 打开显示要修改的地形表面的视图。

② 单击"体量和场地"选项卡下"模型场地"面板中的"▦"（停车场构件）按钮。

③ 将光标放置在地形表面上，并单击鼠标放置构件。可按需要放置更多的构件，也可以通过阵列放置停车场构件，停车场构件如图 2-102 所示。

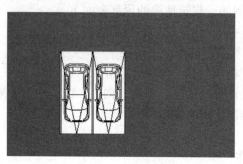

图 2-102　停车场构件

2.5.7　标高和轴网

标高可用于定义楼层层高，轴网用于构件的平面定位。标高和轴网是建筑构件在空间定位时的重要参照。在 Revit 软件中，标高和轴网是具有限定作用的工作平面，其样式皆可通过相应的族样板进行定制。对于建筑、结构、机电三个专业而言，标高和轴网的统一是其相互之间协同工作的前提条件。

（1）添加标高

使用软件自带样板新建项目，展开项目浏览器下的立面子层级，双击任意一立面视图，如图 2-103 所示，样板已有标高 1、标高 2，它们的标高值是以米为单位的。

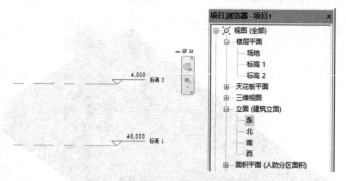

图 2-103　添加标高

在属性栏单击"类型选择器"，选择对应的标头，室外地坪选择正负零标高，零标高以上选择上标头，零标高以下选择下标头，如图 2-104 所示。

打开"类型属性"对话框，修改类型属性。在限制条件中，基面是设置标高的起始计算位置，为测量点或项目基点。图形中的其他参数是用来设置标高的显示样式。符号参数是指标高标头应用的何种标记样式。端点 1 和端点 2 的值用于设置标高两端标头信息的显隐，如图 2-105 所示。

参数	值
限制条件	˄
基面	项目基点
图形	˄
线宽	1
颜色	■ RGB 128-128-128
线型图案	中心线
符号	上标高标头
端点 1 处的默认符号	☐
端点 2 处的默认符号	☑

图 2-104　设置标头样式　　　　　　图 2-105　设置标高参数

当指针靠近已有标高两端时，还会出现标头圈对齐参照线示意，若单击此处绘制，则随后完成的标高将与其参照的标高线保持两端对齐约束。

（2）复制、阵列标高

标高的创建还可以基于已有的标高，如通过复制、阵列已有标高创建，如图 2-106 所示，通常在楼层数量较多时使用这种方式。但是相对于绘制或拾取的标高，复制、阵列生成的标高，默认不创建任何视图。通过直接绘制或拾取标高时，在选项栏中单击平面视图类型即可选中要创建的视图类型，这样对应的视图就会自动生成并归类到对应的子层级。

（3）修改标高

图 2-107 显示了在选中一个标高时的相关信息，隐藏编号可设置此标高右侧端点符号的显隐，其功能与标高类型属性中"端点 1（2）处的默认符号"参数类似，但此处是实例属性。

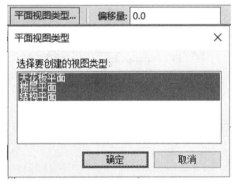

图 2-106　复制、阵列标高

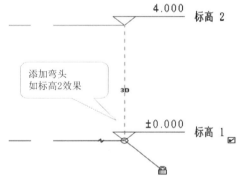

图 2-107　选中一个标高时的相关信息

（4）标高属性

① 标高上标头。标头方向向上，例如 $\overline{\smash{\triangledown}}^{\,4.000\ \text{标高}\,2}$ 。

② 标高下标头。标头方向向下，例如 $\underset{-4.800\ \text{标高}\,5}{\triangle}$ 。

③ 正负零标高。即 ±0.000 标高。

限制条件：基面即"项目基点"，是在某一标高上报告的高程基于项目原点。"测量点"即报告的高程基于固定测量点。

（5）图形属性

① 线宽。设置标高类型的线宽。可以使用"线宽"工具来修改线宽编号的定义。

②颜色。设置标高线的颜色。可以从 Revit 定义的颜色列表中选择颜色或自定义颜色。

③线型图案。线型图案可以是实线或虚线与圆点的组合，也可以自定义图案。

④符号。确定标高线的标头是否显示编号中的标高号（标高标头-圆圈）、显示标高号但不显示编号（标高标头-无编号）或不显示标高号（无）。

⑤端点 1 处的默认符号。默认情况下，在标高线的左端点放置编号。选择标高线时，标高编号旁边将显示复选框，取消选中该复选框以隐藏编号，再次选中它以显示编号。

⑥端点 2 处的默认符号。默认情况下，在标高线右端点放置编号。

添加弯头：标高除了直线效果，还可以是折线效果，即单击选中标高，在右侧标高线上显示"添加弯头"图标。单击蓝色圆点并拖动，可恢复到原来位置，如图 2-108 所示。

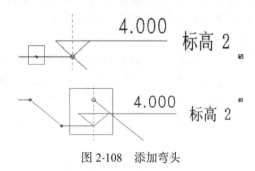

图 2-108　添加弯头

标高锁：标高端点锁定，拖动鼠标单击端点圆圈，更改标高长度时，相同长度的标高会一起更改；当解锁后，只更改当前移动的标高长度，如图 2-109 所示。

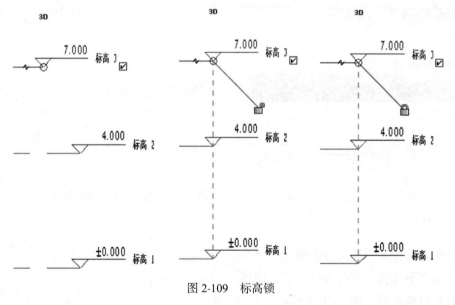

图 2-109　标高锁

（6）绘制轴网

轴网需在平面视图中绘制，首先在"项目浏览器"面板中打开标高平面视图；然后切换到"建筑"选项卡，在"基准"面板中单击轴网命令"⌗"，进入"修改放置轴网"上下文选项卡中，单击"绘制"面板中的线命令"╱"；最后在绘制区域左下角的适当位置，单击并结合 "Shift" 键垂直向上移动光标，在合适位置再次单击完成第一条轴线的创建。

第二条轴线的绘制方法与标高绘制方式相似，将光标指向轴线端点时，Revit 会自动捕捉端点。当确定尺寸值后单击确定轴线端点，并配合鼠标滚轮向上移动视图，确定上方的轴线端点后再次单击，完成轴线的绘制。

（7）轴网属性

选择某个轴线后，单击 "属性" 面板中的 "编辑类型" 选项，打开 "类型属性" 对话框。

① 符号。用于轴线端点的符号。该符号可以在编号中显示轴网号（轴网标头-圆）、显示轴网号但不显示编号（轴网标头-无编号）、无轴网编号或轴网号（无）。

② 轴网中段。在轴线中显示的轴线中段的类型，可选择 "无"、"连续" 或 "自定义"。

③ 轴线中段宽度。如果 "轴线中段" 参数为 "自定义"，则使用线宽来表示轴线中段的宽度。

④ 轴线中段颜色。如果 "轴线中段" 参数为 "自定义"，则使用线颜色来表示轴线中段的颜色。选择 Revit 中定义的颜色，或定义自己的颜色。

⑤ 轴线中段填充图案。如果 "轴线中段" 参数为 "自定义"，则使用填充图案来表示轴线中段的填充图案。线型图案可以为实线或虚线与圆点的组合。

⑥ 轴线末端宽度。表示连续轴线的线宽，或者在 "轴线中段" 为 "无" 或 "自定义" 的情况下表示轴线末段的线宽。

⑦ 轴线末段颜色。表示连续轴线的线颜色，或者在 "轴线中段" 为 "无" 或 "自定义" 的情况下表示轴线末段的线颜色。

⑧ 轴线末段填充图案。表示连续轴线的线样式，或者在 "轴线中段" 为 "无" 或 "自定义" 的情况下表示轴线末段的线样式。

⑨ 轴线末段长度。在 "轴线中段" 参数为 "无" 或 "自定义" 的情况下表示轴线末段的长度。

⑩ 平面视图轴号端点 1（默认）。在平面视图中，在轴线的起点处显示编号的默认位置（也就是说，在绘制轴线时，编号在其起点处显示）。如果需要，可以显示或隐藏视图中各轴线的编号。

⑪ 平面视图轴号端点 2（默认）。在平面视图中，在轴线的终点处显示编号的默认位置（也就是说，在绘制轴线时，编号在其终点处显示）。如果需要，可以显示或隐藏视图中各轴线的编号。

⑫ 非平面视图符号（默认）。在非平面视图的项目视图（例如，立面视图和剖面视图）中，轴线上显示编号的默认位置，可选择 "顶"、"底"、"两者"（顶和底）或 "无"。如果需要，可以显示或隐藏视图中各轴线的编号。

（8）标高和轴网的 2D 与 3D 属性及其影响范围

① 标高和轴网的 2D 与 3D 属性。对于只移动单根标高的端点，先打开对齐锁定，再拖动轴线端点。如果轴线状态为 3D，则所有平面视图里的标高端点同步联动，如图 2-110 所示，点击切换为 2D，则只改变当前视图的标高端点位置。

② 标高和轴网的 2D 与 3D 影响范围。在一个视图中调整完轴网的标头位置、轴号显示和轴号偏移等设置后，先选择轴线，再选择选项卡影响范围命令，最后在对话框中

选择需要的平面或立面视图名称，可以将这些设置应用到其他视图。例如，二层做了轴网修改，如果没有使用影响范围命令，其他层就不会有任何变化。

如果想要使所有的变化影响到标高层，需要选中一个修改的轴网，此时将会自动激活"修改轴网"选项卡。选择"基准面板影响范围"命令。打开"影响范围视图"对话框。选择需要影响的视图，单击"确定"按钮，所选视图的轴网都会与其做相同的调整。

如果先绘制轴网再绘制标高，或者在项目进行中新添加了某个标高，则新添加的标高有可能在平面视图中不可见。其原因是：在立面上，轴网在 3D 显示模式下需要和标高视图相交，即轴网的基准面与视图平面相交，则轴网在此标高的平面视图上可见。

图 2-110　轴线状态切换为 2D

③ 参照平面。在"建筑（结构或者系统）"选项卡上，单击""（参照平面），打开"修改|放置参照平面"选项卡，添加参照平面，其有两种绘制方式。

绘制一条线：在"绘制"面板上，单击"线"命令，在绘图区域中，通过拖动光标来绘制参照平面，单击"修改"结束该线的绘制。

拾取现有线：在"绘制"面板中，单击""（拾取线），如果需要，在选项栏上指定偏移量，选择"锁定"选项将参照平面锁定到该线，将光标移到放置参照平面时所要参照的线附近，然后单击。

参照平面的属性：

① 墙闭合：指定义墙包络门和窗所在的点，此参数仅在族编辑器中可用。

② 名称：指参照平面的名称（可以编辑参照平面的名称）。

③ 范围框：指应用于参照平面的范围框。

④ 是参照：指在族的创建期间绘制的参照平面是否为项目的一个参照。

⑤ 定义原点：指光标停留在放置对象上的位置。例如，放置矩形柱时，光标位于该柱形状的中心线上。

思考题

1. Revit 有哪些主要功能？请列举并简要说明。

2. 请描述 Revit 的工作界面包含哪些主要部分。

3. 在 Revit 中，如何创建一个简单的墙体模型？请简述步骤。

4. Revit 中的"族"是什么？它在建模过程中起到什么作用？

5. 在 Revit 中如何创建和管理视图及图纸？

6. Revit 在建筑设计中的主要用途是什么？

第3章 | 地下管线建模

3.1 地下管线工程项目简介

（1）地下管线工程项目概况

某项目计划建设一段长分别为 3.9m（直径为 80mm）、3.748m + 1.696m + 1.648m（直径为 150mm）、7.292m（直径为 300mm）的地下管线，采用标准管节模型设计。整体结构主要采用聚氯乙烯（PVC）材料，以保障结构的强度和耐久性，管线平面图如图 3-1 所示。

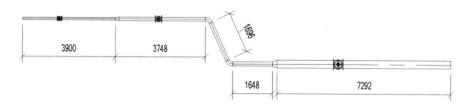

图 3-1 管线平面图

（2）地下管线简介

地下管线是指建设于城市地面以下的供水、排水、燃气、热力、电力、通信、照明、广播电视、交通信号、公共视频监控、工业等管道、线缆、综合管廊、管沟及其附属设施。这些管线交错分布在城市地下。

（3）地下管线 BIM 建模标准

① BIM 建模软件应符合行业特点，能够满足设计、施工与运维等对地下管线信息应用、传递和共享的需求。

② BIM 应采用统一的数据标准，符合特定的空间参照和术语定义。

3.2 地下管线工程建模流程

打开 Revit2020，点击"族"面板中的"新建"，然后点击"浏览"按钮，即可打开"公制常规模型"，如图 3-2～图 3-4 所示。

图 3-2　新建项目

图 3-3　选择样板模型

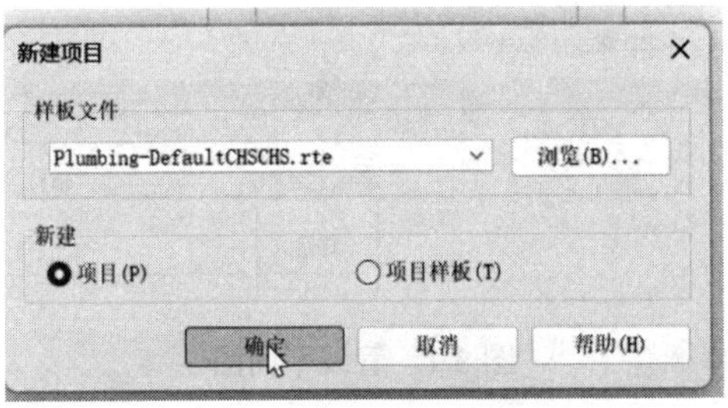

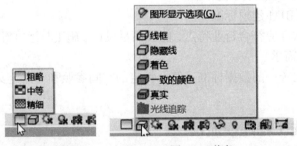

图 3-4　建立样板模型

　　为了使模型更加符合实际工程，需要对模型进行处理，点击"详细程度"按钮，选择"精细"选项，再点击"视觉样式"按钮，选择"着色"选项，如图 3-5、图 3-6 所示。

图 3-5　精细　　　　　　　　图 3-6　着色

　　点击"族"展开后，再点击"管道系统"展开，选择"循环供水"进行复制。将复制后的"循环供水 2"重命名为"地下供水管线"，双击打开"地下供水管线"，选择"类型属性"，确定后关闭，如图 3-7～图 3-10 所示。

图 3-7　循环供水　　　　　图 3-8　新建管道系统

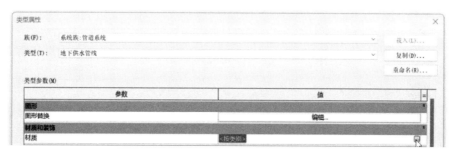

图 3-9　选择材料类型属性

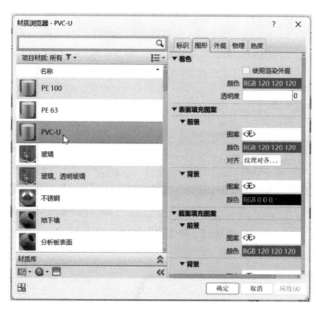

图 3-10　确定材料

　　点击"系统"选择"管道"，确定管道直径、中间高程，再点击"编辑类型"按钮，复制类型进行重命名，编辑管道系统配置，选择合适的构件类型以及确定最大和最小尺寸，建立模型，如图 3-11～图 3-14 所示。

图 3-11　输入模型尺寸

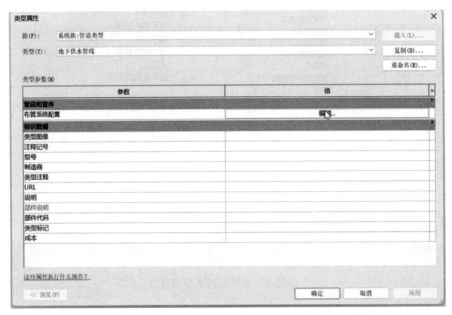

图 3-12　编辑管道系统配置

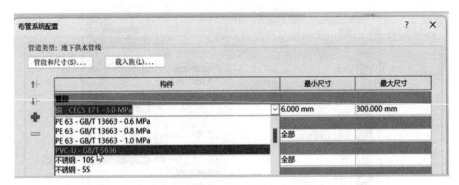

图 3-13　确定构件类型及尺寸

图 3-14　建立模型

　　进行管道流量的控制，需要增加一些管道阀门，点击"管路附件"，根据情况选择恰当尺寸的阀门，放置附件，如图 3-15、图 3-16 所示。

图 3-15　点击"管路附件"

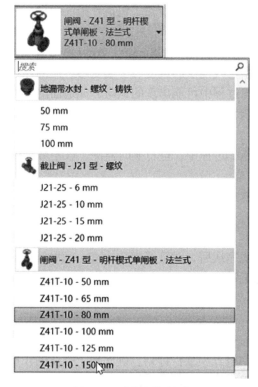

图 3-16　选择阀门尺寸

地下管线工程建模教程见"地下管线.mp4"。

地下管线.mp4

3.3　地下管线工程施工模拟

　　地下管线的施工模拟是指通过计算机软件和模型技术，对地下管线的施工过程进行虚拟仿真，以优化施工方案、提高施工安全性和效率。以下是地下管线施工模拟的主要步骤和内容：

　　（1）项目准备

　　数据收集：收集与项目相关的地质勘探数据、管线设计图纸、施工规范和环境影响评估报告。

确定管线类型：根据项目需求，确定需要施工的管线类型（如水管、燃气管、电缆等）。

（2）建立模型

三维建模：使用计算机辅助设计软件（CAD）或三维建模软件（如 Revit、Civil 3D 等）建立地下管线的三维模型，包含管线的走向、埋深、连接点等信息。

地质模型：根据地质勘探数据，建立土壤和岩层的三维模型，考虑土壤的物理和力学性质。

（3）施工方案设计

施工方法选择：根据管线类型和地质条件，选择合适的施工方法（如明挖法、顶管法、定向钻进法等）。

施工步骤规划：制订详细的施工步骤，包括开挖、铺设、回填和恢复地面等过程。

（4）施工模拟

动态仿真：利用施工模拟软件（如 Simul8、AnyLogic 等）进行动态仿真，模拟施工过程中的各个环节，观察管线铺设的进度、土壤变形、周围环境影响等。

风险分析：分析施工过程中可能出现的风险，如地面沉降、管线损坏等，并评估其对周围环境和设施的影响。

（5）监测与调整

实时监测：在实际施工过程中，进行实时监测，收集数据以确保施工安全和管线的稳定性。

数据对比：将监测数据与模拟结果进行对比，验证模拟结果的准确性，并根据实际情况调整施工方案。

（6）后期评估

施工效果评估：施工完成后，对管线进行检查，确保其符合设计要求和施工规范。

总结经验：总结施工过程中的经验教训，为未来的项目提供参考，优化施工流程和技术。

（7）应用与维护

管线管理系统：将施工数据和监测结果纳入管线管理系统，便于后期的维护和管理。

定期检查：制订定期检查和维护计划，确保地下管线的长期安全和稳定运行。

通过地下管线的施工模拟，可以有效提高施工的安全性和效率，减少潜在的风险和损失，为城市基础设施的建设提供有力支持。

3.4　地下管线的应用

地下管线在现代城市基础设施中扮演着至关重要的角色，广泛应用于多个领域。以下是地下管线的主要应用领域：

（1）供水系统

自来水管网：地下管线用于城市自来水的输送，确保居民和商业设施的日常用水需求。

灌溉：在农业和园艺中，地下管线用于灌溉，为农作物提供稳定的水源，提高农作物产量。

（2）排水系统

污水处理：地下管线用于收集和输送城市污水，确保污水能够有效地送往处理厂进行处理，保护环境和公共卫生。

雨水排放：城市雨水排放系统通过地下管线将雨水迅速排出，减小内涝风险，保护城市基础设施。

（3）燃气供应

天然气管道：地下管线用于输送天然气，满足居民和工业的能源需求，支持城市的能源供应。

（4）电力和通信

电缆管道：地下管线用于铺设电力电缆，确保电力的稳定供应。

通信光缆：地下管线也用于铺设光纤和其他通信线路，支持现代通信网络的发展。

（5）供热系统

集中供热管道：在一些城市，地下管线用于集中供热，将热水或蒸汽输送到居民和商业建筑，提供供暖服务。

（6）交通基础设施

地下交通系统：地下管线在地铁和轻轨系统中用于电力供应、信号传输和通风等，支持城市公共交通的高效运行。

（7）环境保护

废物处理管道：用于地下废物处理及填埋管线，可减少对地表环境的影响，有利于可持续发展。

地下水管理：通过地下管线，可以有效管理地下水资源，防止水土流失和地下水污染。

（8）应急管理

应急供水和供电：在自然灾害或突发事件中，地下管线可以提供应急供水和供电，保障居民的基本生活需求。

（9）城市规划与发展

基础设施布局：地下管线的合理布局是城市规划的重要组成部分，影响城市的可持续发展和空间利用效率。

通过以上应用，地下管线不仅提高了城市的基础设施效率，还为居民的日常生活提供了便利，促进了城市的可持续发展。

思考题

1. 什么是地下管线建模？其主要目的是什么？
2. 有哪些常用的软件可以用于地下管线建模？请列举并简要说明。
3. 地下管线建模中，常见的分析类型有哪些？
4. 在进行地下管线建模时，有哪些布置原则需要遵循？
5. 在地下管线建模中，如何实现不同数据源的集成？
6. 在地下管线施工中，设计和建模阶段有哪些可能遭遇的挑战？应如何应对这些挑战？

7. 在地下管线建模中，不同专业（如土木工程、电气工程和管道工程）之间的协作如何有效实现？

8. 如何在地下管线建模中考虑可持续性和环境影响？具体措施有哪些？

9. 新兴技术（如无人机、激光扫描和物联网等）如何影响地下管线建模的未来发展？

第4章 | 浅埋式地下结构建模

4.1 浅埋式地下结构工程项目简介

（1）浅埋式地下结构工程概况

本项目是浅埋式地下结构工程，位于市中心区域，全长约15km，结构整体尺寸设计为8m×4m，施工周期预计为24个月。采用盾构法施工，主要土壤类型为黏土和砂土。工程采用钢筋混凝土框架结构，其剖面图如图4-1所示，并采取高性能防水措施。施工中将严格落实安全与环境监测，施工完成后将恢复地面绿化。本项目旨在缓解城市交通压力，提升公共交通服务水平。

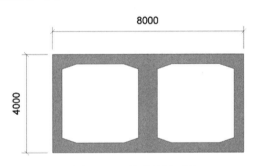

图4-1 工程项目剖面图

（2）浅埋式地下结构简介

浅埋式地下结构是指地下结构的顶板上覆盖的土层较薄，不满足压力拱成条件或软土地层中覆盖层厚度小于结构尺寸的一种地下结构。这种结构的特点是埋深较浅，一般不需要进行复杂的地基处理，施工难度相对较小，且对周围环境的影响较小。在工程实践中，浅埋式地下结构包括附建式地下室结构（如防空地下室）、隧道的引道结构以及一般的浅层地下结构等。

4.2 矩形闭合结构建模流程

新建"族"，选择"公制常规模型"，如图4-2所示，确认后进入界面。

图 4-2　公制常规模型

　　点击"创建"选项卡，选择"拉伸"命令，创建矩形框架并确定尺寸、深度，如图 4-3～图 4-5 所示。

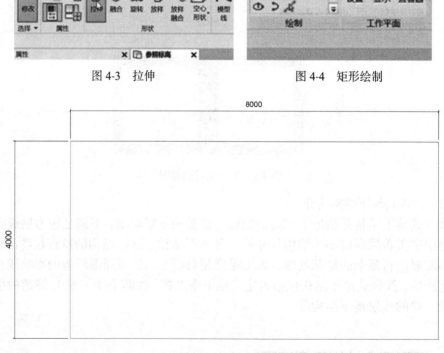

图 4-3　拉伸　　　　　　　　　　　图 4-4　矩形绘制

图 4-5　边框绘制

　　由图 4-6 可知，矩形闭合结构在设有斜托的情况下可减小应力，斜托的设计尺寸宜为 $h_2/S \approx 1 : 3$，其斜托的大小常依据框架跨度大小而定，如图 4-7 所示。

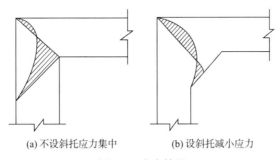

(a) 不设斜托应力集中　　　　(b) 设斜托减小应力

图 4-6　应力情况

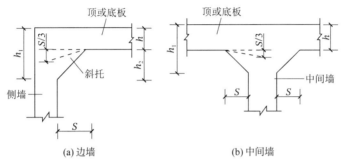

(a) 边墙　　　　　　　　　　(b) 中间墙

图 4-7　尺寸规范

图 4-7 中，设 $h = 400mm$，$S = 600mm$，$h_2 = 200mm$，根据公式 $h + S/3 \leqslant h_1$，计算结果满足要求，如图 4-8 所示。

点击"空心形状"面板，选择"空心拉伸"命令，然后点击"绘制"的"线"选项，按照设计要求画出轮廓，修剪多余的线段，确定拉伸深度，步骤如图 4-9、图 4-10 所示。

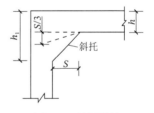

图 4-8　斜托设计

点击"墙体"面板，选择"材质"命令，更换材质类型为"地下墙"，具体操作如图 4-11 所示。

为了呈现更好的视觉效果，点击"详细程度"按钮，选择"精细"，点击"视觉样式"按钮，选择"着色"，建立模型如图 4-12 所示。

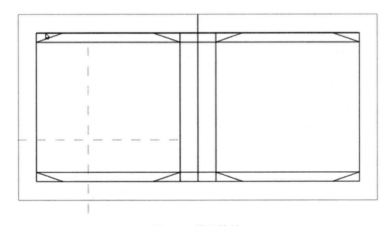

图 4-9　模型修剪

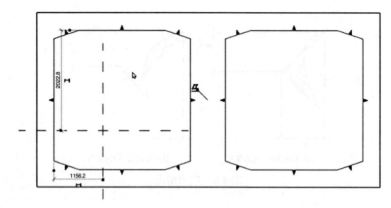

图 4-10　确定模型

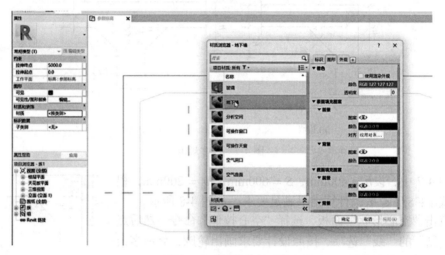

图 4-11　更换墙体材质

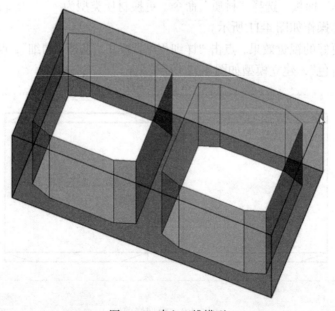

图 4-12　建立三维模型

矩形闭合结构建模教程见"矩形模型.mp4"。

矩形模型.mp4

4.3　浅埋式地下结构施工模拟

浅埋式地下结构施工模拟可以分为以下几个主要阶段：

（1）前期准备

地质勘探：进行详细的地质勘探，获取土壤性质、地下水位、岩层分布等信息。

数据收集：收集相关的设计标准、施工规范和环境影响评估数据。

（2）设计阶段

结构设计：根据勘探结果，设计浅埋式地下结构的形状、尺寸和材料，确保其满足承载能力和稳定性要求。

施工方案制订：选择合适的施工方法（如明挖法、盾构法等），并制订详细的施工方案。

（3）施工模拟

建模：使用计算机软件（如有限元分析软件）建立地下结构的三维模型。

参数设置：输入土壤特性、结构材料属性和施工方法等参数。

模拟运行：进行施工过程的动态模拟，观察土壤变形、结构应力分布及施工对周围环境的影响。

（4）风险评估

分析结果：分析模拟结果，识别潜在的风险（如地面沉降、结构变形等）。

制订应对措施：根据风险评估结果，制订相应的监测和应对措施。

（5）施工监测

实时监测：在实际施工过程中进行实时监测，收集数据以确保施工安全和结构稳定。

数据对比：将监测数据与模拟结果进行对比，验证模拟结果的准确性。

（6）后期评估

结构检查：施工完成后，对结构进行检查，确保其符合设计要求。

总结经验：总结施工过程中的经验教训，为未来的项目提供参考。

4.4　浅埋式地下结构的应用

浅基础与深基础的区别：

①埋置深度方面：浅基础是指埋置深度在 5m 以内或者基础宽度比埋置深度大的基础，其结构形式较为简单；深基础是埋置深度大于 5m 且基础宽度小于埋置深度的基础，其结构形式一般较复杂。

②设计方面：浅基础不考虑基础侧面的土体对基础竖向的摩擦力和水平向的土压力，而深基础需要考虑。

③施工方面：浅基础一般采用明挖法，施工方法及设备简单、造价低，而深基础一

般需要专门的设备开挖，施工方法及设备较复杂、造价较高。

因此，相比深埋式地下结构，浅埋式地下结构在现代城市建设和基础设施发展中具有更广泛的应用，以下是一些主要的应用领域：

（1）城市交通系统

地铁和轻轨：浅埋式结构常用于地铁和轻轨的隧道建设，能够有效减少对地面交通的干扰，提升城市交通的效率。

地下停车场：在城市中心区域，浅埋式地下停车场可以有效利用地下空间，缓解地面交通压力。

（2）地下商业设施

购物中心：许多城市的购物中心采用浅埋式设计，提供地下购物和娱乐空间，增加商业活动的多样性。

（3）基础设施建设

管道和隧道：浅埋式结构用于各种管道（如水管、燃气管道、电缆等）的埋设，确保城市基础设施的正常运行。

排水系统：城市排水系统中的浅埋式结构可以有效管理雨水和污水，减小城市内涝风险。

（4）环境保护

废物处理设施：浅埋式结构可用于废物处理和垃圾填埋场的建设，减少废弃物对地表环境的影响。

地下水管理：通过浅埋式结构，可以有效管理地下水资源，防止水土流失和污染。

（5）建筑物基础

高层建筑基础：在高层建筑中，浅埋式结构可作为基础的一部分，提供稳定的支撑，确保建筑物的安全性。

（6）军事和安全设施

防空洞和掩体：浅埋式结构可用于军事防空洞和掩体的建设，提供安全避难所。

思考题

1. 什么是浅埋式地下结构？与深埋式地下结构有什么区别？
2. 进行浅埋式地下结构建模时常用哪些软件及其功能？
3. 在设计浅埋式地下结构时需要考虑哪些关键因素？
4. 在浅埋式地下结构的建模和施工过程中，哪些潜在风险需要提前评估？如何制订减缓措施？
5. 如何在浅埋式地下结构建模中考虑可持续发展的设计原则？
6. 浅埋式地下结构施工对周围环境可能造成哪些影响？如何在建模过程中评估和减轻这些影响？

|第 5 章| 附建式地下结构

5.1 附建式地下结构工程项目简介

（1）附建式地下结构工程概况

本项目为城市附建式地下结构工程，位于某市商业中心，建筑面积约 216m²，设计有 50 个停车位，预计施工周期为 18 个月。施工采用明挖法，主要土壤类型为黏土和砂土，地下水位深约 3m。工程将使用梁板式结构设计，板厚 30cm，梁高 60cm，具备高性能防水措施，平面图如图 5-1 所示。项目旨在缓解城市停车压力，提升交通效率。

（2）附建式地下结构简介

附建式地下结构是指根据一定的防护要求修建的附属于较坚固建筑物的地下室，又称"防空地下室"或"附建式人防工程"。附建式地下结构是一种在城市建设中广泛应用的工程形式，旨在有效利用有限的城市空间，以满足日益增长的基础设施需求。该结构通常位于地面建筑物的下方，能够与地面建筑物相结合，形成一个整体的空间利用方案。

（3）附建式地下结构的主要特点

空间利用：附建式地下结构能够在城市密集区域中增加可用空间，适用于停车场、商业设施、地铁站等多种用途。

施工方式：常采用明挖法或盾构法进行施工，具体选择取决于地质条件和周边环境。

结构形式：通常采用梁板式、拱形或筒形等多种结构形式，以满足不同的承载需求和使用功能。

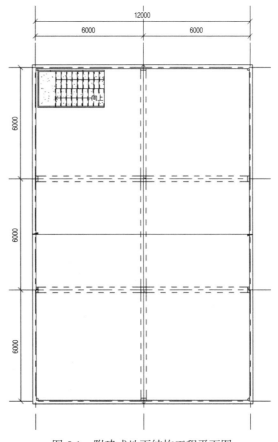

图 5-1 附建式地下结构工程平面图

防水与安全：由于地下环境的特殊性，附建式地下结构通常需要采取高性能的防水措施和严格的安全管理，以确保结构的长期稳定和使用安全。

5.2　附建式地下结构建模流程

创建目录，选择"结构样板"，绘制间距为 6000mm 的横向和纵向轴线，建立轴网，选择高程为 3.0m，绘制标高，如图 5-2、图 5-3 所示。

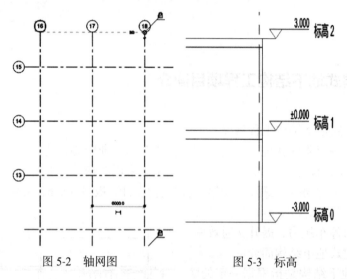

图 5-2　轴网图　　　　　　图 5-3　标高

点击"结构"选项卡，选择"柱"，确定柱的尺寸为 300mm×300mm，材质选择"混凝土"，按照绘制的轴网放置负一层和地上一层的柱，柱的参数设置如图 5-4 所示。

图 5-4　柱的参数设置

选择"200mm 基本墙",确定"底部约束"和"顶部约束",按照柱的外围绘制负一层和地上一层墙体,步骤如图 5-5、图 5-6 所示。

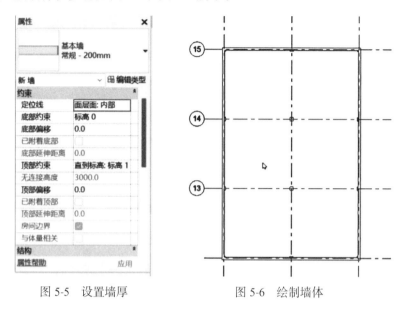

图 5-5　设置墙厚　　　　图 5-6　绘制墙体

选择尺寸为 300mm×600mm 的混凝土梁,绘制负一层和地上一层的主梁和次梁,如图 5-7、图 5-8 所示。

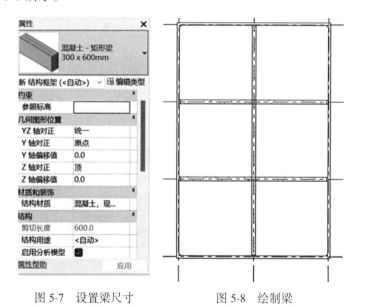

图 5-7　设置梁尺寸　　　　图 5-8　绘制梁

点击"建筑"选项卡,选择"楼梯",按照台阶宽×高为 300mm×150mm、总阶数为 20 绘制楼梯,确定楼梯的"底部标高"和"顶部标高",将绘制完的楼梯移动到指定位置,如图 5-9～图 5-11 所示。

点击"结构"选项卡,选择"楼板",确定楼板厚度为 300mm,绘制楼板。为了使楼梯顺利从负一层通往地面,需要选择"竖井"命令,画出楼梯的范围,如图 5-12～图 5-14 所示。

图 5-9　确定楼梯标高

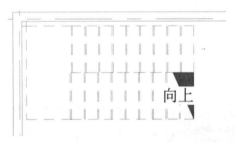

图 5-10　移动位置

图 5-11　楼梯模型

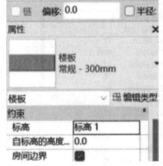

图 5-12　选择"竖井"命令　　图 5-13　建立竖井

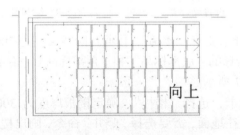

图 5-14　画出楼梯范围

按照如上步骤，建立完整模型，附建式地下结构模型立面图、三维图分别如图 5-15、图 5-16 所示。

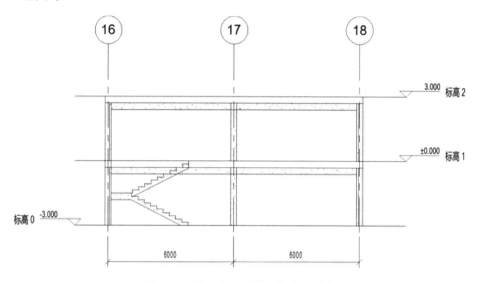

图 5-15　附建式地下结构模型立面图

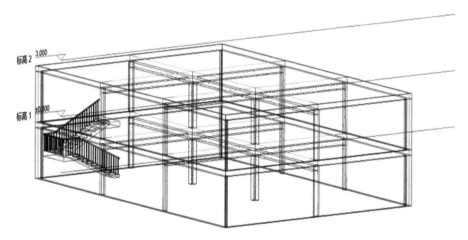

图 5-16　附建式地下结构模型三维图

附建式地下结构建模教程见"楼板式地下结构.mp4"。

楼板式地下结构.mp4

5.3　防空地下室口部构件建模

5.3.1　防空地下室口部构件工程项目简介

（1）防空地下室口部构件概况

该项目旨在创建地下室口部模型，出入口高度为 2550mm，台阶尺寸为 300mm × 150mm，地下室口部模型立面图如图 5-17 所示。

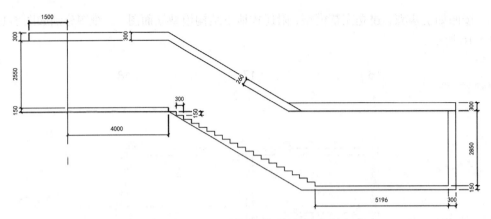

图 5-17　地下室口部模型立面图

（2）防空地下室口部构件简介

防空地下室口部构件是人民防空工程（简称人防工程）的重要组成部分，其设计与施工直接关系到防空地下室的战时防护能力和平时使用功能。防空地下室口部构件工程主要包括出入口、通风口以及其他孔口（如排烟口、给排水孔口、电气孔口等）的防护设计和施工。这些构件在战时须具备抵御冲击波、光辐射、核辐射和常规爆炸碎片等的能力，确保人员与物资的安全。

5.3.2　防空地下室口部构件建模流程

建立防空地下室口部构件模型，首先需要创建"族"项目，在"新族-选择样板文件"对话框中选择"公制常规模型"，如图 5-18 所示。

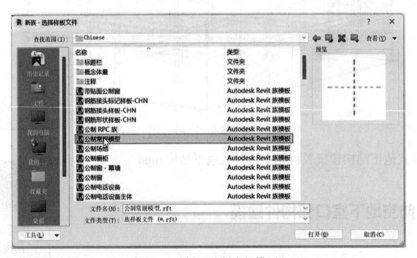

图 5-18　选择"公制常规模型"

选择"拉伸"命令，创建对应尺寸的模型框架，如图 5-19、图 5-20 所示。

点击"空心形状"按钮中的"空心拉伸"命令，创建出入口的形状，确定墙厚、深度起点和终点，为了确保两条线平行，绘制与水平线夹角均为 30° 的两条线段，步骤如图 5-21～图 5-24 所示。

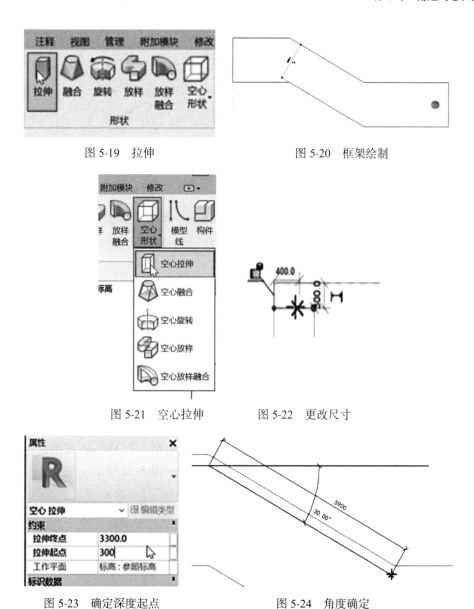

图 5-19　拉伸　　　　　　　　图 5-20　框架绘制

图 5-21　空心拉伸　　　　　　图 5-22　更改尺寸

图 5-23　确定深度起点　　　　图 5-24　角度确定

绘制出整体样式后，进行空心拉伸，具体操作如图 5-25 所示。

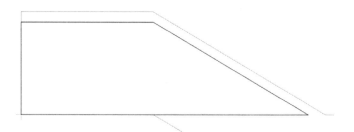

图 5-25　拉伸整体样式

楼梯是防空地下室口部构件必不可少的一部分，为了方便进出，我们选择每阶台阶
尺寸为 300mm×150mm，绘制出楼梯总体样貌，楼梯台阶尺寸和楼梯立面图如图 5-26、

图 5-27 所示。

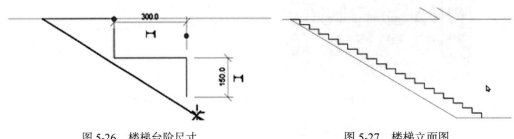

图 5-26 楼梯台阶尺寸   图 5-27 楼梯立面图

描绘出地下室总体轮廓，选择"空心拉伸"命令，确定拉伸起点为 300mm，拉伸终点为 3300mm，建立地下室框架，如图 5-28 所示。

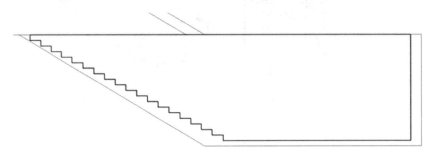

图 5-28 地下室框架

为了使地下室形成完整空间，点击"拉伸"命令，绘制一个 150mm 厚的地板以及一个 300mm 厚的楼板，深度为 3600mm，步骤如图 5-29～图 5-32 所示。

 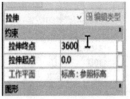

图 5-29 拉伸   图 5-30 确定起点

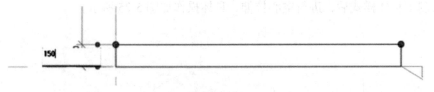

图 5-31 绘制 150mm 厚地板

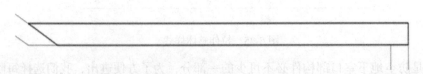

图 5-32 绘制 300mm 厚楼板

最后点击"拉伸"命令，创建出尺寸为 1500mm × 300mm 的雨篷，如图 5-33、图 5-34 所示。

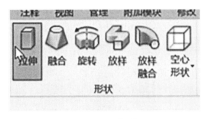

图 5-33　拉伸

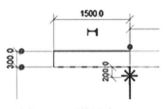

图 5-34　雨篷尺寸

防空地下室口部构件建模教程见"地下室口部模型.mp4"。

地下室口部模型.mp4

5.4　防空地下室口部构件主要组成部分及其功能

（1）出入口

主要出入口：战时能保证人员或车辆不间断地进出，且使用较为方便的出入口。通常设有防倒塌棚架、防护密闭门和密闭门等，以增强其防护能力。

次要出入口：主要供平时使用，战时可以不再使用的出入口。其设计须满足一定的防护要求，但相对于主要出入口来说，其防护标准可适当降低。

备用出入口：平时一般不使用，战时在必要时（如其他出入口被破坏或被堵塞时）才被使用的出入口。其设计须确保在紧急情况下能够迅速启用。

（2）通风口

通风口是防空地下室与外界进行空气交换的重要通道。在战时，通风口须采取防倒塌、防堵塞以及防雨、防地表水等措施，以确保其畅通无阻。

为提高通风口的防护能力，通常采用"防爆波活门＋扩散室"或"防护密闭门＋密闭通道＋密闭门"等消波措施。这些措施能够有效削弱进入防空地下室的冲击波能量，保障室内环境安全。

（3）其他孔口

排烟口、给排水孔口、电气孔口等也是防空地下室口部构件工程的重要组成部分。这些孔口的设计须满足一定的防护要求，并应采取相应的防护措施，以确保其在使用过程中的安全性和可靠性。

5.5　防空地下室口部构件设计要点

防护能力：防空地下室口部构件的设计须充分考虑其防护能力，确保在战时能够抵御各种形式的攻击和破坏。

密闭性：防空地下室口部构件须具备良好的密闭性，以防止有毒有害气体和放射性物质等进入防空地下室内部。

　　耐久性：防空地下室口部构件须采用耐久性好的材料制作，以确保其在长期使用过程中能够保持稳定的性能。

　　便捷性：防空地下室口部构件的设计须考虑其使用便捷性，确保在战时能够迅速启用并满足人员与物资的进出需求。

思考题

　　1. 什么是防空地下室？其主要用途和功能是什么？

　　2. 防空地下室的口部构件通常包括哪些主要部分？

　　3. 在防空地下室口部构件的建模过程中，通常使用哪些软件工具？

　　4. 在设计防空地下室口部构件时需要考虑哪些关键参数？

　　5. 在防空地下室口部构件的设计中，如何平衡安全性与功能性需求？

　　6. 新兴建模技术（如虚拟现实、增强现实）如何改变防空地下室口部构件的设计与评估方式？

第6章 逆作法地下结构建模

6.1 逆作法地下结构工程项目简介

（1）逆作法地下结构工程概况

地下连续墙的设计总长度为50m，沿基坑周边轴线布置，共划分为15个槽段，每个槽段的宽度约为6m，深度与基坑开挖深度一致，即15m。为确保施工质量和安全，采用了现浇钢筋混凝土地下连续墙结构，墙体厚度设计为600mm，地下连续墙平面图如图6-1所示，能够满足承载力和防水要求。

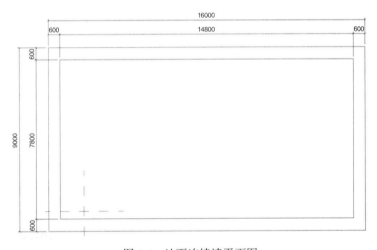

图6-1 地下连续墙平面图

（2）逆作法简介

逆作法是一种超常规的施工方法，一般是在深基础、地质复杂、地下水位高等特殊情况下采用。其施工流程为：先沿建筑物地下室轴线或外围构筑地下连续墙等支护结构，同时在建筑内部相应位置浇筑中间支承桩及立柱，以支撑施工期间上部结构自重及施工荷载（直至底板封底）。然后开挖土方至第一层地下室底面标高处，并完成该层的梁板楼面结构，作为地下连续墙刚度很大的支撑，随后逐层向下开挖土方和浇筑各层地下结构，直至底板封底。同时，由于地面一层的楼面结构已完成，为上部结构施工创造了条件，所以可以同时向上逐层进行地上结构的施工。如此地面上、下同时进行施工，直至工程结束。

（3）地下连续墙简介

地下连续墙是一种深基础或地下围护结构，通过在地层中连续开挖槽段并浇筑混凝土，形成一道具有防渗、挡土和承重功能的刚性墙体。它广泛应用于高层建筑地下室、地铁站、地下商场、深基坑支护、水利工程等领域。地下连续墙开挖技术起源于欧洲，它是根据打井和石油钻井使用泥浆和水下浇筑混凝土的方法发展起来的。1950 年在意大利米兰首次采用了泥浆护壁地下连续墙施工；20 世纪中叶该项技术在西方发达国家及苏联得到推广，成为地下工程和深基础工程施工中有效的技术；1958 年我国首先在青岛丹子口水库采用此技术修建了水坝防渗墙。

6.2　地下连续墙建模流程

创建地下连续墙模型，我们需要新建"族"模块，在"新族-选择样板文件"对话框中选择"公制常规模型"，点击"拉伸"命令，确定材质为"地下墙"，具体操作如图 6-2～图 6-4 所示。

图 6-2　公制常规模型

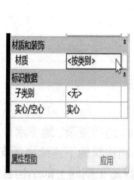

图 6-3　设置材质

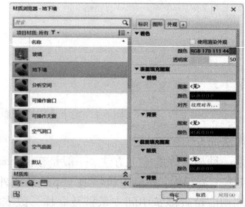

图 6-4　地下墙材质

绘制尺寸为 16000mm × 9000mm × 4600mm 的长方体模型，如图 6-5 所示。

选择"空心形状"中的"空心拉伸"命令，确定墙厚为 600mm，绘制边框，步骤如图 6-6～图 6-9 所示。

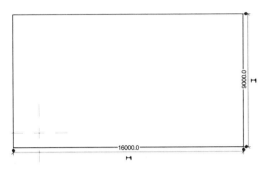

图 6-5　模型框架

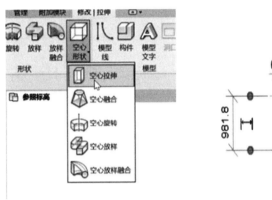

图 6-6　空心拉伸　　　　　图 6-7　尺寸确定

图 6-8　整体模型

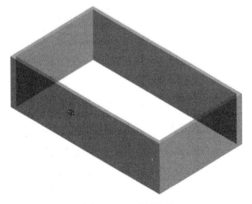

图 6-9　三维模型

地下连续墙建模教程见"地下连续墙.mp4"。

地下连续墙.mp4

6.3   逆作法施工的连接接头建模

6.3.1   逆作法施工的连接接头简介

逆作法连接接头处是指在逆作法施工过程中,将不同部分的结构进行连接的地方。在接头处,通常需要采取一些特殊措施来确保结构的稳定性和连接的可靠性。逆作法连接接头平面图如图 6-10 所示。

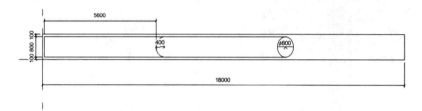

图 6-10   逆作法连接接头平面图

6.3.2   逆作法施工的连接接头建模流程

为了建立逆作法施工的连接接头模型,创建"族"项目,选择"公制常规模型",点击"拉伸",创建尺寸为 18000mm × 1000mm × 10000mm 的土体模型,步骤如图 6-11~图 6-14 所示。

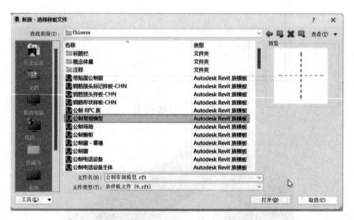

图 6-11   选择公制常规模型

图 6-12   创建拉伸

图 6-13　创建土体模型

图 6-14　土体深度

点击"空心拉伸"命令，创建挖空后的模型；由于接头平面是圆形，所以每侧浇筑完的混凝土为半圆形，半径为 400mm；由于需要创建浇筑的混凝土，所以选择实心拉伸，步骤如图 6-15～图 6-18 所示。

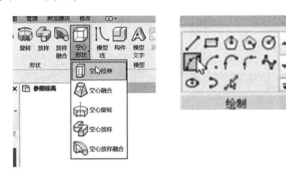

图 6-15　创建空心拉伸　　图 6-16　选择半圆绘制命令

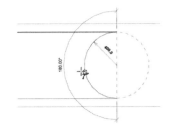

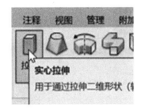

图 6-17　绘制半圆　　　图 6-18　创建实心拉伸

由于工程需要，选择不同的材质，点击"新建材质"，第一段已经浇筑完混凝土的模型设置为"地下墙"材料，选择一种颜色标识，步骤如图 6-19～图 6-22 所示。

图 6-19　材质类别　　　　图 6-20　材质标识

图 6-21　新建材质

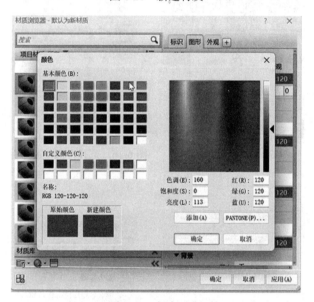

图 6-22　颜色选择

　　按照已经挖好的模型进行填充，用来模拟浇筑的混凝土，选择"空心拉伸"命令，绘制范围，确定"拉伸深度"，进行"创建"浇筑后的混凝土模型，然后需要进行挖空第二段土体，点击"空心拉伸"，确定范围和深度，步骤如图 6-23～图 6-26 所示。

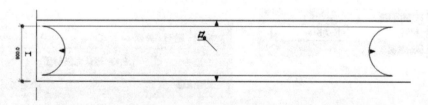

图 6-23　土体开挖

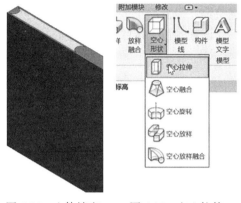

图 6-24　土体填充　　　图 6-25　空心拉伸

图 6-26　第二段土体开挖

　　然后开始创建接头，点击"新建材质"选项，命名为"接头"，选择不同颜色，确定直径和深度，绘制出接头模型，具体步骤如图 6-27～图 6-29 所示。

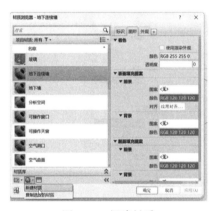

图 6-27　新建材质

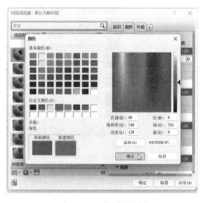

图 6-28　颜色选择

图 6-29　绘制接头模型

按照施工顺序开始浇筑第二段混凝土，点击"实心拉伸"命令新建材质，为了使颜色不同，选择"地下墙"并设置颜色，按照第二次空心拉伸的范围，绘制出模型，具体步骤如图 6-30～图 6-33 所示。

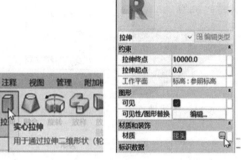

图 6-30　实心拉伸　　　　图 6-31　新建材质

图 6-32　确定材质颜色

图 6-33　绘制地下连续墙

最后进行标注，如图 6-34 所示。

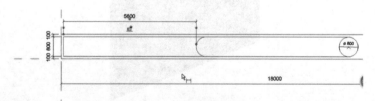

图 6-34　标注

逆作法施工的连接接头建模教程见"接头模型.mp4"。

接头模型.mp4

6.4　逆作法地下结构施工模拟

逆作法地下结构施工方法特别适用于周边环境复杂、工期要求紧、基坑较深的工程项目。以下是一个简化的逆作法地下结构施工模拟概述，旨在描述其关键步骤和流程。

（1）前期准备

地质勘察与设计：首先进行详尽的地质勘察，了解地下土层分布、地下水位、周边建筑物及管线情况，据此设计地下连续墙、支承桩、柱等围护结构和主体结构。

施工计划制订：根据地质勘察结果和设计图纸，制订详细的施工计划，包括施工顺序、材料需求、人员配置、监测方案等。

（2）地下连续墙施工

导墙施工：在基坑周边轴线位置施工导墙，作为地下连续墙施工的导向和支撑。

成槽与清槽：采用成槽机械（如抓斗式成槽机）沿导墙开挖槽段，通过泥浆循环系统维护槽壁稳定。成槽后，清理槽底，确保无杂物和淤泥。

钢筋笼制作与吊装：在工厂或现场制作钢筋笼，并通过吊装设备将其准确放入槽内。

水下混凝土浇筑：采用导管法进行水下混凝土浇筑，形成连续的钢筋混凝土墙体。

（3）地下结构逆作施工

首层楼板施工：在地下连续墙顶部施工首层楼板，作为基坑开挖阶段的水平支撑和上部结构施工的操作平台。

开挖与支撑：开挖首层楼板下的土体，同时设置临时支撑结构（如钢管混凝土柱、H型钢梁等），确保基坑稳定。随着开挖深度的增加，逐层向下施工楼板，每层楼板既作为水平支撑，又作为施工平台。

结构施工与监测：在逆作过程中，同步进行地下结构的梁、柱、墙等构件的施工。同时，进行严格的施工监测，包括位移监测、应力监测、沉降监测等，确保施工安全和质量。

（4）上部结构施工

交叉施工：在地下结构施工的同时，根据施工计划和实际情况，合理安排上部结构的交叉施工。上部结构施工层数需根据桩基布置、承载力、地下结构状况等因素确定。

整体协调：确保地下结构与上部结构在施工过程中的整体协调和相互支撑，避免施工过程中的相互影响和干扰。

（5）后期处理与验收

基坑回填与恢复：地下结构施工完成后，进行基坑回填和周边环境恢复工作。

竣工验收：组织相关单位进行竣工验收，检查施工质量是否符合设计要求和相关标准。

6.5　逆作法在地下结构中的应用

逆作法在地下结构工程中的应用越来越广泛，尤其是在城市建设和改造项目中。以下是逆作法的一些具体工程应用实例和领域：

（1）地铁工程

逆作法常用于地铁工程的车站和隧道建设。在城市中心区域，逆作法可以减少对地面交通和建筑物的影响。例如，在某些地铁站的建设中，通过逆作法可在避免过度扰动地面的情况下，快速完成地下结构的施工。

（2）隧道施工

逆作法适用于大直径隧道的施工，如城市排水、供水和铁路隧道等。在复杂地质条件下，逆作法通过分层施工，可以更有效地控制地表沉降和周围土体的稳定性。

（3）地下商业设施

许多城市地下商业体或者停车场的建设项目也常采用逆作法。这种方法不仅能减少对地面商业活动的影响，还能有效利用地下空间，提升城市的空间使用效率。

（4）旧城改造

在旧城改造中，逆作法能够在保持现有建筑相对稳定的情况下进行施工，减少对周围环境和居民生活的干扰。

（5）大型地下工程

如在地下水库、地下油库等大型地下基础设施的建设中，逆作法能够承受较大的施工压力，并在施工过程中保障周围环境的安全。

（6）保护历史建筑

在进行历史建筑的保护和改造时，采用逆作法可以减少对周围古建筑的影响，保障文物的完整性。

逆作法因其适应性强、可减少地面干扰和提高施工安全性等优点，已成为现代城市地下结构施工的重要手段。随着技术的不断进步，逆作法在更多工程项目中的应用潜力将不断被开发和利用。

思考题

1. 什么是逆作法？其主要特点和适用场景是什么？
2. 逆作法的主要施工步骤是什么？
3. 在逆作法地下结构的设计中需考虑哪些关键因素？
4. 逆作法有哪些主要优势和挑战？
5. 逆作法施工涉及多个专业，如何确保设计和施工过程中的有效沟通？

第7章 基坑支护及支撑结构建模

7.1 基坑支护及支撑结构建模简介

基坑工程是地下工程和基础工程中最为关键的环节之一，涉及深基坑的开挖、支护结构的设计与施工。基坑的安全性直接关系到建筑物的基础稳定性以及周边环境的安全。为确保基坑施工的安全性，工程师们通常采用多种支护结构和支撑系统，以应对复杂的地质条件和高风险的施工环境。

在现代建筑工程中，随着建筑信息模型（BIM）技术的发展，利用 Revit 等 BIM 软件对基坑支护及支撑结构进行建模已成为一种趋势。通过在设计阶段对基坑围护结构和支撑系统进行详细建模，可以在虚拟环境中精确地模拟施工过程，提前发现设计中的潜在问题，优化施工方案，降低施工风险，并提高工程的总体施工效率和质量。

Revit 作为一款强大的 BIM 工具，能够集成项目的各个部分，包括建筑、结构、机电等多专业的模型，并且可以生成详细的施工图纸、材料清单，以及模拟施工进度。通过 Revit 进行基坑支护及支撑结构的建模，可以将复杂的设计转化为可视化的三维模型，使得设计意图更加直观清晰，便于各方理解和沟通。

7.1.1 常见基坑支护及支撑结构形式

基坑支护及支撑结构的设计和施工因项目所在地的地质条件、基坑的深度以及周边建筑物的状况而异。以下是几种常见的基坑支护及支撑结构：

（1）桩支护

概述：桩支护是一种利用桩基结构来支撑基坑的支护结构。通常采用钢筋混凝土桩或钢桩，打入地下以支撑基坑侧壁并防止土体坍塌。这种支护方式适用于土质较差或周围建筑物较为密集的区域，能够有效抵抗水平土压力。

应用场景：在深基坑工程中，尤其是地质条件复杂或地下水位较高的场地，桩支护可以提供足够的刚度和强度，确保基坑的稳定性。

优点：桩支护能够承受较大的土压力，且施工技术成熟，适应性强。

缺点：施工过程中可能会产生较大的噪声和振动，对周边环境有一定影响。

（2）钢支撑

概述：钢支撑是指由钢梁或钢管等钢材构成的横向支撑结构，用于支护基坑结构，防止其因土压力作用产生过大变形。钢支撑通常分层设置在基坑内，以有效分散和平衡土压力。

应用场景：钢支撑常用于大面积或深度较大的基坑，特别是在多层地下建筑的施工中。它可以在施工过程中根据需要调整或拆卸，灵活性高。

优点：钢支撑系统具有高强度和良好的变形能力，能够适应复杂的施工环境。此外，钢支撑可以重复利用，降低施工成本。

缺点：钢支撑的安装需要较高的技术水平，施工过程中对施工进度的影响较大，且在使用中需定期检查和维护。

（3）喷射混凝土支护

概述：喷射混凝土支护是将混凝土通过加压喷射到基坑壁上，形成一层连续的支护面，主要用于松散土体的支护。这种方法可以有效防止土体的坍塌，并提供一定的防渗功能。

应用场景：喷射混凝土支护常用于较浅的基坑或临时性支护场合，尤其是在土质较为松散的情况下，能迅速稳定基坑壁。

优点：施工速度快，适应性强，可在复杂的土体条件下快速形成支护结构。

缺点：需要专门的设备和技术，且喷射混凝土的厚度和均匀性较难控制。

7.1.2 基坑支护及支撑结构工程概况

本项目为一处尺寸为 6.5m × 6.5m × 5m 的基坑工程，主要用于地下结构施工。基坑周边地质条件复杂，基坑开挖深度为 5m。为确保基坑的安全稳定，设计采用了多种支护结构形式以应对可能的地质风险及周边环境的影响。支护方案如下：

（1）混凝土桩支护

基坑周围布置了直径为 1.2m 的混凝土桩作为主要支护结构。这些混凝土桩打入地下，能够有效承受水平土压力，防止基坑塌陷，同时保证基坑周围土体的稳定性。

（2）钢支撑结构

除了桩基支护，项目还选用了钢支撑方案。钢支撑结构通过在基坑内部安装钢梁，形成横向支撑，进一步分散土体压力，增加基坑结构的稳定性，特别适用于土压力较大或基坑较深的情况。

（3）喷射混凝土支护

在基坑开挖后，为加强临时性支护，部分区域还采用了喷射混凝土支护的方法，迅速在基坑壁形成一层支护层。这种方式能够有效防止土体松动和坍塌，尤其适合地质条件较为松散的场地。

此基坑工程综合利用了混凝土桩、钢支撑和喷射混凝土等多种支护方式，以确保在复杂施工情况下实现安全、高效的基坑施工。基坑工程平面图如图 7-1 所示。

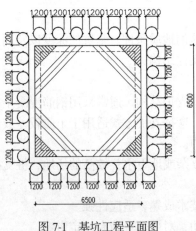

图 7-1 基坑工程平面图

7.2　基坑支护结构建模流程

对于基坑支护结构的设计，本案例采用了三种支护结构，即桩支护、钢支撑和喷射混凝土支护。

首先进行场地的设置，如图 7-2 所示，选择"建筑样板"，并进入"体量和场地"选项卡中选择"地形表面"命令。

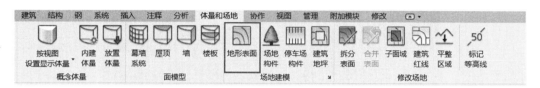

图 7-2　创建场地

如图 7-3 所示，采用点布置并使用网格以方便创作场地，点布置需要进行四点设置，进而绘制一个完整的平面。

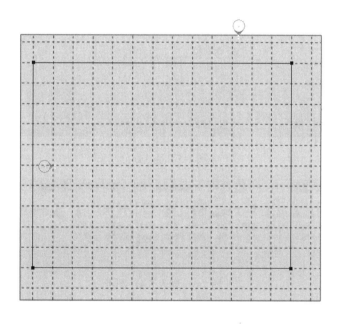

图 7-3　采用点布置绘制场地平面

在绘制完场地的平面之后，需要对场地进行拆分以划分出基坑的大小和位置。如图 7-4 所示，选择"拆分表面"命令对已经创建的场地进行拆分，并如图 7-5 所示对基坑的大小和位置完成划分。

因为需要对基坑进行打桩支护，所以需要从 Autodesk CAD 软件中导入相应的基坑图纸，以方便确认基坑中混凝土桩的位置以及所需要混凝土桩的数量。如图 7-6 所示，在"插入"选项卡下选择"导入 CAD"命令，导入 CAD 图纸。

图 7-4　场地拆分

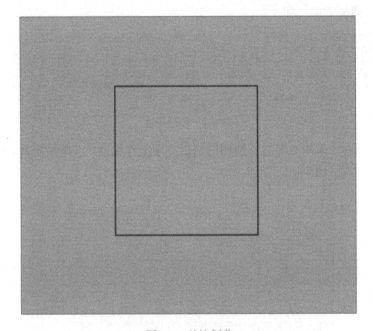

图 7-5　基坑划分

图 7-6　导入 CAD 图纸

7.2.1　桩支护

在 Revit 的"结构"选项卡中，首先选择"柱"工具作为支护桩。这是基坑支护结构建模的第一步，因为支护桩在基坑结构中扮演了重要的支撑角色。在该步骤中，我们通常会选择一种合适的"柱"，例如混凝土圆形柱，以确保其能够承受施工过程中可能出现的各种荷载。

在如图 7-7 所示的工具栏中，选择"结构"选项卡下的"柱"工具。选择的柱类型应考虑项目的具体需求。混凝土圆形柱因具备良好的抗压能力和稳定性，通常用于基坑支护结构。同时可以在 3D 视图中预览布置效果，确保柱的方向和位置正确。

图 7-7　选择混凝土柱

在柱创建完成后，下一步是对柱的类型和相关参数进行编辑。这一过程至关重要，因为它直接影响基坑围护结构的尺寸、性能以及最终的建模精度。通过点击柱的类型属性窗口，如图 7-8 所示，可以加载相应的公制模型文件，找到圆形混凝土柱模型。加载完成后，可以进行进一步的细节编辑，如混凝土材质、柱的截面形状及其结构特性的编辑。

图 7-9 展示了如何修改柱的尺寸参数。对于一个典型的基坑围护结构，柱的直径通常根据设计需求进行调整。除了尺寸，还可以在此阶段定义混凝土的材质属性，比如强度等级、抗裂性能等，这将对后期的结构分析产生直接影响。

为了确保布置的柱能够精确符合项目实际的地形和场地情况，导入 CAD 图纸是必要的一步。这一步可以使 Revit 模型与实际地形相匹配。在 Revit 中，可以导入已有的 CAD 地形，如图 7-10 所示，并将其作为参考背景。在导入时，注意对齐图纸的坐标和比例，确保与 Revit 模型的比例一致。这个步骤对后续的布置和对齐工作至关重要。

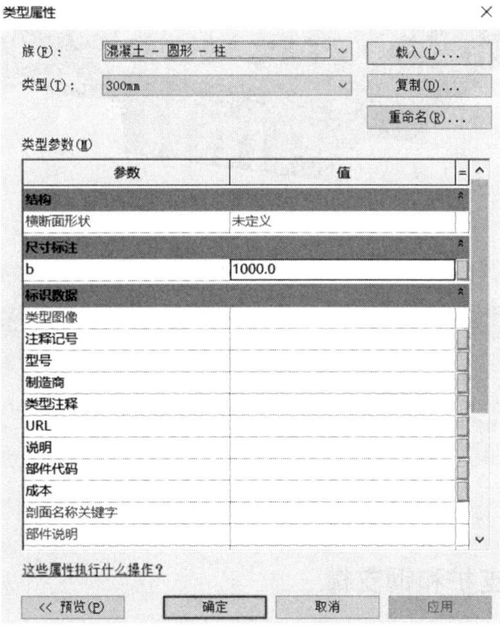

图 7-8　混凝土柱的属性窗口

图 7-9　混凝土柱参数编辑

图 7-10　CAD 地形与 Revit 模型结合

因为之前已经采用 Revit 软件中自带的结构模型载入并完成了混凝土柱的参数编辑以及创建，所以接下来需要将所创建的柱合并到场地模型中，如图 7-11 所示，对混凝土柱进行对应位置的布置。

布置混凝土柱时，可以使用 Revit 自带的"阵列"命令进行简化操作以节约时间，如图 7-12 中箭头所指按钮，因为已知支护桩的数量以及桩间距，即可输入相应参数来完成阵列创建。

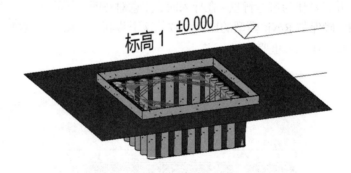

图 7-11　混凝土柱的布置

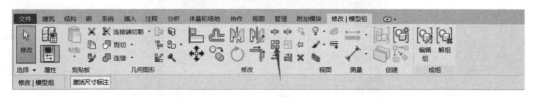

图 7-12　阵列按钮

7.2.2　喷射混凝土支护和钢支撑

如图 7-13、图 7-14 所示，创建一个新的族时，可以选择族模板，例如结构柱模板或其他适合的模板。在族编辑器中，可以使用各种建模工具来设计符合基坑要求的构件形状。例如，基坑的支护构件可能需要特定的几何形状，以适应复杂的地形或施工要求。创建完成族之后，可以利用 Revit 中的拉伸工具来生成基坑支护结构的整体模型。"拉伸"命令非常适合创建具有特定高度和截面形状的构件，这种构件在基坑支护结构中非常常见。

图 7-13　模型拉伸

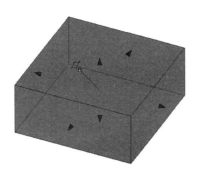

图 7-14　模型创建

在模型创建完成之后，便可以对已经打开的项目进行模型的导入，并对模型和基坑内支护进行下一步操作。使用模型进行面墙的创建，如图 7-15、图 7-16 所示，对模型的四周创建面墙。面墙的数据按需要进行调整。

创建面墙之后，如果单独选择分离并移动，可能会造成选择上的失误，因此可以采用全选模型，如图 7-17 所示，点击"过滤器"。"过滤器"命令可以帮助我们选择需要的模型、构件以及其他所需要的部分。由于只有面墙以及模型组成，因此取消勾选模型即可。

如图 7-18 所示，筛选完面墙之后，可以使用"移动"命令将面墙移动到场地布好的基坑部分，即可完成基坑内部喷射混凝土支护的创建。

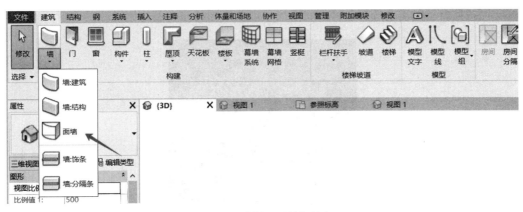

图 7-15　选择"面墙"按钮

图 7-16　创建面墙

图 7-17　筛选面墙

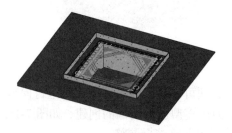

图 7-18　创建喷射混凝土支护

7.2.3　钢支撑

如图 7-19 所示,对于钢支撑,选择建筑当中的梁结构即可选择钢梁,进行支护结构的布置。只需要按照 CAD 图纸的相应位置进行长度以及钢梁的各部分参数的设置即可完成对钢支撑的布置。对于钢梁的设计以及布置,和上文当中柱的创建以及设置大致相同,可按照自己的需求选择各种形状、尺寸以及不同材质类型的钢梁。

图 7-19　钢支撑布置

基坑支护结构建模教程见"支护.mp4"。

支护.mp4

7.3　基坑支护及支撑结构施工模拟

在 Revit 中进行基坑支护及支撑结构的施工模拟是一个复杂且细致的过程，涉及多个步骤和专业知识。首先，创建基坑的三维模型是基础，设计师需要使用"土建"工具绘制基坑的轮廓，并根据工程设计要求设置基坑的深度和形状。在这一阶段，确保模型的准确性至关重要，因为基坑的尺寸和几何形状将直接影响后续支护结构的设计。

接下来，围绕基坑添加支护结构是关键步骤。常见的支护形式包括钢板桩、混凝土支护和土钉墙等。设计师需要通过 Revit 的"结构"工具来选择适当的支护类型，并进行精确布置。每种支护结构都有其特定的承载能力和适用场景，因此在选择时需要充分考虑土壤性质、基坑深度及周围环境的影响。

在支撑系统的设计中，通常会采用横向支撑和斜支撑等形式，以增强基坑的整体稳定性。设计师需要根据基坑深度和土壤的工程性质，合理配置支撑系统的数量和位置，以确保基坑能够有效抵抗土压力和水压力。此外，支撑系统的材料选择也十分重要，需考虑其强度、耐久性及施工便利性。

随着模型的逐步完善，利用 Revit 的"施工阶段"功能，可以设置不同的施工顺序，分别展示基坑开挖、支护结构安装及支撑系统搭建的全过程。每个阶段都应详细记录，包括施工方法、施工设备的使用以及工人工作的位置等，这些信息可以通过 Revit 的"族"功能进行创建和插入，以增强模型的真实感和可操作性。

在施工模拟的过程中，实时监测和调整也非常重要。通过 Revit，可以对模型进行动态调整，确保在施工过程中及时反映出任何潜在的问题或变化。例如，在基坑开挖过程中，若发现土壤条件与预期不符，可以立即调整支护设计，保证施工的安全性。

最后，使用 Revit 的动画功能制作施工过程的动态演示是整个模拟的重要环节。通过设置关键帧，设计师可以生动展示基坑开挖及支护结构的安装过程，使得施工过程更加直观易懂。这种可视化的展示不仅有助于项目团队的沟通，还能有效地向客户展示施工方案的合理性和安全性。

完成模拟后，设计师可以将最终的模型导出为视频或图片，便于与项目团队或客户分享。通过这种方式，Revit 不仅提升了设计的准确性和施工的可视化效果，还帮助团队更好地理解施工过程，优化施工方案，从而有效减少潜在的风险和问题，提升整体施工管理的效率和质量。这种系统化的施工模拟方法，不仅提高了项目的管理水平，也为后续的施工提供了可靠的依据，有助于确保工程的顺利进行。

7.4　基坑支护及支撑结构的应用

基坑支护及支撑结构在多个领域和工程类型中都有广泛的应用，具体包括以下几个方面：

（1）地下工程

地铁和轻轨建设：在地铁和轻轨的施工中，基坑支护结构用于保护开挖区域，以确保施工安全和减少对周围建筑物的影响。

地下停车场：在大型地下停车场的建设中，支护结构用于防止基坑壁坍塌，确保施工顺利进行。

（2）建筑工程

高层建筑基础施工：在高层建筑的基础开挖过程中，支护结构可以稳定周边土体，防止沉降和坍塌。

老旧建筑改建：在进行老旧建筑改建时，需要进行挖掘和基础加固，基坑支护可提供必要的稳定性。

（3）隧道工程

隧道开挖：在隧道施工中，基坑支护结构用于保护开挖面，避免因地层变动导致的塌方和岩石飞落。

地下管道施工：在地下管道铺设中，基坑支护确保施工区域的稳定，防止扰动周围土体。

（4）水利工程

水库建设：在水库或大坝的建设中，基坑支护确保土体的稳定，避免因水位上涨造成的土体滑坡。

河道治理：在河道工程中，支护结构用于保持河岸稳定，防止河道侵蚀和河岸滑坡。

（5）公路和桥梁

公路修建和改建：在公路和桥梁的施工中，基坑支护用于确保土体稳定，尤其是在山坡或不稳定地区。

高架桥基础施工：高架桥的桩基施工中需要基坑支护以防止土体崩塌和对周边建筑物的影响。

（6）环境工程

垃圾填埋场开挖：在垃圾填埋场的开挖和建设中，基坑支护结构确保填埋区域的稳定，并防止污染物泄漏。

土地复垦：在土地复垦工程中，支护结构可用于保护恢复的土体，避免侵蚀和水土流失。

（7）地质灾害防治

滑坡防治工程：在滑坡危险区域进行基坑支护，以降低滑坡的风险，保护周边居民和基础设施。

地震灾后重建：在地震后的重建中，通过合理的基坑支护来恢复受损建筑的基础和地下设施。

总之，基坑支护及支撑结构的应用广泛且重要，涵盖了从城市基础设施建设到自然灾害防治等多个领域，对确保施工安全、环境保护及公众利益具有重要作用。

思考题

1. 什么是基坑支护结构？它的主要功能是什么？
2. 常见的基坑支护结构类型有哪些？各自的适用情境是什么？
3. 基坑支撑结构的主要作用是什么？有哪些常见的支撑形式？
4. 基坑施工可能对周边环境造成哪些影响？如何评估和管理这些影响？

|第8章| 沉井结构建模

8.1 沉井结构建模简介

　　基于 Revit 进行沉井结构建模是建筑信息模型（BIM）技术在土木工程领域应用的重要组成部分，能够有效提高设计的精确性、可视化能力和工程协调性。

　　在 Revit 中进行沉井结构建模，首先需要充分的前期准备。这包括获取详细的地质勘察数据、地形信息以及其他相关的基础参数。这些数据可以通过导入 CAD 文件或 GIS 数据直接在 Revit 中生成三维地形模型，为后续的沉井设计与施工模拟奠定坚实基础。地质和地形的准确性直接影响沉井设计的安全性与经济性，因此，这一环节至关重要。

　　沉井结构的基本设计通常由井壁和井底组成，井壁一般采用钢筋混凝土结构，以确保足够的刚度和强度。在 Revit 中，设计师可以利用族编辑功能创建符合工程要求的沉井构件族。这些构件族应具备参数化特征，使设计师能够根据项目的具体需求灵活调整沉井的尺寸、材料和配筋。这种灵活性不仅能提高设计效率，还能确保设计的准确性和可实施性。

　　在详细建模阶段，Revit 提供了全面的工具，涵盖多个方面的设计。井壁的建模可以通过 Revit 的建筑和结构工具进行。设计师可以精确地绘制井壁的三维模型，调整墙体的厚度、形状和材料属性。此外，井底的建模同样重要，使用 Revit 中的楼板工具可以设计出符合要求的井底结构，确保其厚度和材料属性的准确性。节点和连接的设计也不可忽视，利用 Revit 的结构连接工具，可以创建符合实际施工要求的连接方式，如钢筋的接头、混凝土的浇筑缝等，这些都直接影响沉井的整体稳定性和安全性。

　　Revit 不仅是一个建模软件，它还可以模拟施工过程。通过创建施工阶段的视图，设计师可以将沉井的施工过程分解为不同的阶段，这样可以清晰地展示施工步骤和计划。这种施工过程的模拟有助于提前发现潜在问题，提升施工组织的效率，减少时间和成本的浪费。

　　在沉井结构设计中，多专业协同与优化是至关重要的。Revit 强大的协同设计功能允许结构、建筑和机电等各个专业进行同步设计和协调。沉井结构设计需要考虑工程现场的各种因素，包括相邻建筑、地下设施等。通过 Revit 的协作平台，各专业可以进行多方沟通与调整，确保设计方案的全面性与合理性。这种协同工作方式不仅提高了设计的质量，也减少了因信息不对称而导致的错误和返工。

此外，Revit 与专业的结构分析软件兼容，设计师可以将沉井模型导出至结构分析软件进行结构分析和优化，验证沉井在荷载作用下的性能表现，确保设计的安全性和经济性。这种分析不仅能够帮助设计师理解沉井的行为，还能在设计初期就发现潜在的结构问题，从而进行及时调整。

最后，Revit 的可视化功能极大地增强了项目的沟通效果。通过生成逼真的三维模型和施工动画，设计师能够与业主和施工团队进行更有效的交流。这种高质量的可视化模型可帮助非技术人员更直观地理解设计意图和施工过程，促进各方的理解与合作。

综上所述，基于 Revit 进行沉井结构建模，为工程项目提供了全面、准确和高效的设计解决方案。通过 BIM 技术，不仅可以提高设计质量和施工效率，还可以在项目的全寿命周期内促进信息共享与集成管理，最终实现项目的成功交付与运营。

8.1.1 沉井结构

沉井是一种广泛应用于基础工程的重要结构形式，主要用于桥梁、码头和大型建筑的基础施工。其基本原理是通过重力将井体下沉至所需深度，以承受上部结构的荷载。沉井的设计与施工涉及复杂的工程技术，要求在地质条件、荷载分析、施工方法等方面进行全面考虑。

沉井通常由井壁和井底两部分构成。井壁一般采用钢筋混凝土结构，以确保其具有足够的刚度和强度，防止在下沉过程中出现变形或破坏。井壁的设计需要考虑多种外部荷载的影响，包括水压力、土压力以及其他可能的环境因素。井底则需要设计为承载能力强的结构，能够有效分散来自上部荷载的压力，避免基础沉降不均。在设计阶段，工程师会进行详细的结构分析，确保沉井在各种工况下的安全性和稳定性。

在施工过程中，沉井的下沉过程是一个关键环节。施工团队需要精确控制沉井的下沉速度和方向，以避免因不均匀沉降而导致的结构问题。沉井的下沉通常采用水压力或空气压力等方法来实现，这些方法可以有效减小沉井与土体之间的摩擦力，从而使其顺利下沉。在实际施工中，沉井的下沉过程需要进行实时监测，包括对沉井的位移、倾斜进行监控等，以确保施工的安全性和有效性。

沉井的设计和施工必须充分考虑地质条件。不同的土壤类型、地下水位及地质构造都会对沉井的设计产生影响。在地质勘察阶段，工程师需要获取详细的地质勘察数据，以便进行合理的设计。这些数据不仅包括土层的厚度和性质，还应考虑地下水的流动情况和可能的地质灾害风险。此外，沉井施工区域往往位于城市环境中，需要特别关注周围建筑物和地下设施的影响。通过合理的设计和施工方案，确保对周围环境的干扰最小是非常重要的。

在现代工程中，沉井的设计与施工需要多专业的协同合作。建筑、结构、机电等专业之间的信息共享与实时协调显得尤为重要。采用建筑信息模型（BIM）技术，可以实现各专业之间的高效沟通，优化设计方案，减少潜在的设计冲突，提高整体设计的准确性和施工的安全性。BIM 技术的应用不仅可以提高设计效率，还能在施工过程中进行三维可视化，帮助施工团队更好地理解和实施设计意图。

沉井的施工完成后，仍需进行长期的监测与维护。沉井在使用过程中，可能会受到环境变化、荷载变化等因素的影响，因此定期的结构健康监测是必要的。这些监测数据不仅可以为沉井的安全性提供依据，还能为后续的维护和加固提供参考。通过监测，工程师可以及时发现潜在问题，并采取相应的措施以确保沉井的长期稳定性。

沉井的应用范围非常广泛，尤其是在水域施工和软土地区的基础工程中，其优势更加明显。在许多情况下，沉井可以有效减少施工对周围环境的影响，同时提供良好的基础支撑。随着工程技术的不断发展，沉井设计与施工的技术手段也在不断提升，未来可能会出现更多创新的施工方法和材料，进一步提高沉井的性能和经济性。

总之，沉井作为基础工程中的重要结构形式，其设计与施工需要综合考虑多个方面。通过科学的设计、严谨的施工管理以及有效的监测与维护，沉井能够为上部结构提供坚实的支撑，确保建筑物的安全与稳定。随着 BIM 技术的不断发展，沉井结构的设计与施工将更加精确、高效，为土木工程领域的持续发展提供强有力的支持。

8.1.2 沉井项目概况

（1）沉井设计

本项目为一个沉井基础工程，设计采用内径 2.2m、外径 2.5m 的沉井结构，共由 3 节沉井管片组成。每个管片高度为 2m，累计下沉深度为 6m，用于基础施工或地下设施的支撑和稳固。

（2）施工工艺

沉井管片采用分段预制和现场拼装的方式。在施工过程中，每个管片依次下沉，直至达到设计深度 6m 的位置，确保井壁的稳定性和防渗性能。通过水压力或土压力辅助下沉，同时对沉井进行精确的监测和控制，确保沉井在下沉过程中保持稳定，不发生倾斜或偏移。

（3）应用场景

本沉井结构适用于地下水位较高或土质较软的地质条件。通过多节管片的逐节下沉，确保井体能够承受来自土体和地下水的压力，为后续的施工和设施安装提供可靠的基础支持。沉井管片截面尺寸如图 8-1 所示。

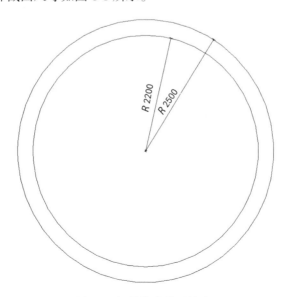

图 8-1 沉井管片截面尺寸

8.2　沉井结构建模流程

如图 8-2 所示，先对模型所在的场地进行布置，以布置出适合的场地进行建模。

图 8-2　创建场地

在"修改|编辑表面"选项卡中，使用"放置点"命令划分场地范围，如图 8-3 所示，并可以根据实际情况在后续调整场地高程点。

图 8-3　放置高程点

如图 8-4 所示，采用"拆分表面"命令对已经布置好的场地进行拆分，以方便后续沉井模型的对应放入。

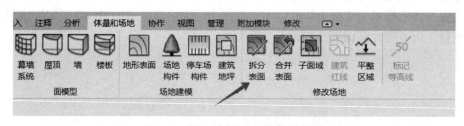

图 8-4　通过"拆分表面"拆分场地

随后对已经拆分的表面进行编辑，如图 8-5 所示。

图 8-5　编辑表面

在点击"编辑表面"按钮后，可以对选定的高程点按照实际情况进行修改，以得到需要的地形，如图 8-6 所示。

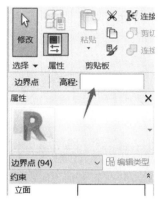

图 8-6　修改高程

　　沉井模型需要创建一个新的族文件。在"创建"选项卡中选择"拉伸"命令创建；图形则根据实际需求创建长宽以及拉伸深度，如图 8-7 所示。

图 8-7　拉伸模型

　　创建拉伸模型之后，使用"空心形状"命令为沉井模型创造建模所需要的空间，如图 8-8 所示。

图 8-8　空心拉伸

　　在使用"空心形状"命令之后，可以再次使用如图 8-9 所示的"拉伸"命令对沉井模型进行分层建模。

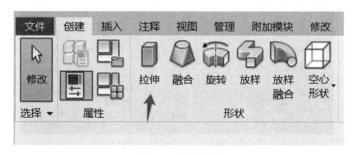

图 8-9　拉伸功能

如图 8-10 所示，创造出一个符合实际情况的同心圆，并选择需要拉伸的深度。

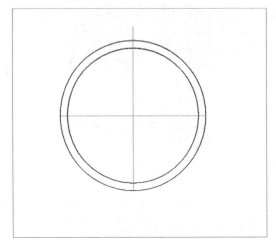

图 8-10 拉伸模型

在分层创建沉井模型之后，可以将已经建好的沉井模型载入到项目中，如图 8-11 所示，进行场地布置。

图 8-11 将沉井模型载入到项目中

如图 8-12、图 8-13 所示，只需要在场地找到已经划分好的区域，并将导入的族文件进行对应即可完成模型建立。

图 8-12 导入族文件

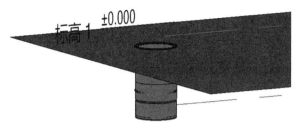

图 8-13　模型建立

沉井.mp4

沉井结构建模教程见"沉井.mp4"。

8.3　沉井结构的施工模拟

在 Revit 中进行沉井结构的施工模拟是一个复杂且系统的过程，涉及多个步骤和专业知识。首先，创建沉井的三维模型是基础。设计师需要使用"土建"工具绘制沉井的外形，并根据设计要求设置沉井的深度和直径。在这一阶段，确保模型的准确性至关重要，因为沉井的尺寸、形状及其与周围土体的关系将直接影响后续的施工和稳定性分析。

接下来，围绕沉井进行支护结构的设计是关键步骤。常见的支护形式包括钢板桩、混凝土支撑和土钉墙等。设计师需要通过 Revit 的"结构"工具选择适当的支护类型，并进行精确布置，以确保支护结构能够有效抵御土压力和水压力。同时，支护结构的设计需考虑沉井的下沉过程，确保其在下沉过程中不发生变形或破坏。

在沉井施工过程中，通常会采用重力下沉的方法。设计师需要在模型中模拟沉井的下沉过程，确保下沉速度和方向的控制，以避免出现因不均匀沉降而导致的结构问题。在这一阶段，可以利用 Revit 的"施工阶段"功能，设置不同的施工顺序，分别展示沉井的下沉、支护结构的安装及其他相关施工活动。

随着模型的逐步完善，实时监测和调整也显得尤为重要。通过 Revit，设计师可以对沉井的下沉过程进行动态调整，确保在施工过程中及时反映出任何潜在的问题或变化。例如，在下沉过程中，如果发现土壤条件与预期不符，可以立即调整支护设计，保证施工的安全性。

在施工模拟的过程中，添加必要的施工细节也非常重要。这包括施工设备、工人位置、材料堆放等信息。这些信息可以通过 Revit 的"族"功能进行创建和插入，以增强模型的真实感和可操作性。每个施工阶段都应详细记录，确保施工团队能够清晰理解每一步骤的要求。

最后，使用 Revit 的动画功能制作施工过程的动态演示是整个模拟的重要环节。通过设置关键帧，设计师可以生动展示沉井的下沉过程及支护结构的安装，使得施工过程更加直观易懂。这种可视化的展示不仅有助于项目团队的沟通，还能有效地向客户展示施工方案的合理性和安全性。

完成模拟后，设计师可以将最终的模型导出为视频或图片，便于与项目团队或客户分享。

8.4   沉井结构的应用

沉井结构是一种常见的基础工程形式，广泛应用于各种工程项目中，尤其是在水域和软土地区。其主要特点是通过将井体沉入地下，形成稳定的承载基础。以下是沉井结构的实际工程应用示例：

（1）桥梁基础

桥墩基础：沉井常用于桥梁的墩台基础，特别是在河流、湖泊等水域上，能够有效抵抗水流和土体变动的影响。

高架桥基础：在高架桥建设中，沉井可以提供稳定的基础，确保桥梁的安全性和耐久性。

（2）港口与码头

港口工程：在港口建设中，沉井被用作码头的基础，使得码头能够承受大型船舶的重力以及波浪的冲击。

集装箱栈桥：沉井结构为集装箱装卸区提供稳定支撑，确保操作安全。

（3）地下工程

地下隧道入口：在地下隧道与地面的交接处，沉井结构可以作为防水及稳定的支撑结构，确保隧道的安全性。

城市地下停车场：在城市的地下停车场建设中，沉井能够提供强大的支撑和稳定性。

（4）水利工程

水闸与坝基：沉井结构能在水闸建设中提供坚固的基础，支持闸门的操作和水流的调控。

泵站基础：在泵站建设中，沉井结构可以有效隔离水流的影响，为设备提供稳定的基础。

（5）地质灾害防治

河流治理工程：在河流治理和堤防建设中，沉井可以作为加固结构，防止水土流失与侵蚀。

边坡防护：沉井结构可以用于边坡防护，以稳定斜坡，降低滑坡和崩塌风险。

（6）建筑工程

高层建筑基础：在高层建筑中，沉井基础能够更好地适应软土层，提供有效的承载力。

旧房改建：在旧房改建项目中，沉井可以用于新基础与旧建筑的连接，保持结构稳定。

（7）特殊工程

博物馆、体育馆等公共建筑：在博物馆、体育馆等大型公共建筑中，沉井结构提供了稳定且可靠的基础，有助于承载大型结构和设备。

大型设备基础：在一些工业项目中，沉井可作为大型设备（如风力发电机等）的基础，为其提供稳固支撑。

沉井结构因其优良的承载能力和适应性，在多种工程领域中都有实际应用。它在软土地基和水域的应用尤为突出，是保障工程安全和稳定的重要基础形式。正确选择和设计沉井结构，可以提高工程的耐久性，并有效降低工程风险。

思考题

1. 什么是沉井结构？它通常用于哪些工程项目？
2. 沉井施工通常包括哪些步骤？
3. 沉井结构的主要特点是什么？相比其他基础形式有什么优势？
4. 如何评估沉井施工所需的地质条件，以确保施工安全和结构的稳定性？

| 第9章 | 盾构隧道结构建模

9.1 盾构隧道结构概况

9.1.1 盾构隧道结构简介

盾构隧道是一种重要的地下工程结构，广泛应用于城市轨道交通、排水系统和公路隧道的建设。盾构机通过其特有的工作原理和结构设计，能够在复杂的地质条件下高效、安全地开挖隧道。盾构机主要由刀盘、推进系统、土体处理系统、衬砌系统几个部分组成。

（1）盾构隧道的施工过程

盾构隧道的施工过程一般包括以下几个步骤：

施工准备：在施工前，需要进行详细的地质勘探，了解土壤类型、地下水位等信息，以便选择合适的盾构机和施工方案。

盾构机的组装与启动：在施工现场，先进行盾构机组装，再进行调试。启动后，盾构机通过刀盘切削土壤，并通过推进系统向前移动。

土体的处理与输送：切削下来的土体会通过输送系统送至地面，通常采用泥浆或气压输送的方式。处理后的土体会根据需要进行运输或填埋。

衬砌的安装：随着盾构机的推进，衬砌块会被逐步安装到隧道内壁，形成坚固的隧道结构。衬砌的安装需要精确控制，以确保隧道的稳定性和安全性。

（2）盾构隧道的优点

盾构隧道相较于传统开挖隧道具有许多优点：

减小地面扰动：由于盾构施工是在地下进行的，对地面环境的影响较小，适合在城市密集地区施工。

适应性强：盾构机能够适应多种地质条件，包括软土、硬岩和地下水丰富的环境，施工灵活性高。

安全性高：盾构隧道的施工过程相对封闭，工人暴露在危险环境中的时间较短，从而提高了施工安全性。

施工周期短：盾构隧道的施工效率高，能够缩短整体工期，降低建设成本。

（3）盾构隧道的应用

盾构隧道广泛应用于城市轨道交通、地下管道、排水系统等多个领域。例如，在城市地铁建设中，盾构隧道能够有效避开地面建筑物，减少对交通的影响。在排水系统中，盾构隧道能够快速解决城市内涝问题，提高排水能力。

盾构隧道作为现代地下工程的重要组成部分，以其独特的施工方法和优越的性能，正在全球范围内得到越来越广泛的应用。随着技术的不断进步，盾构隧道的设计和施工将更加高效、安全，为城市的可持续发展提供有力支持。

9.1.2　盾构隧道结构建模概况

在现代城市基础设施建设中，盾构隧道作为一种重要的地下工程形式，因其高效、安全的施工特性而被广泛应用。随着建筑信息模型（BIM）技术的迅速发展，Revit 作为一款强大的 BIM 软件，逐渐成为盾构隧道设计与建模的首选工具。通过 Revit 进行盾构隧道的建模，不仅能够提高设计效率，还能在施工过程中实现更好的协调与管理。

在进行盾构隧道建模之前，首先需要对项目的地质条件进行详细的勘探与分析。这包括对土壤类型、地下水位、周边建筑物等信息的收集。这些数据将为后续的设计提供重要依据，确保盾构机的选择和施工方法的合理性。了解地质条件后，设计团队可以在 Revit 中创建新的项目，并选择合适的模板进行建模。项目的设置包括单位、坐标系等基本参数的配置，以确保后续构件的准确定位。

在 Revit 中，建模的第一步是建立基准面，这可以通过绘制参考平面来实现。基准面的建立为后续的构件放置提供了重要的参考。在此基础上，可以开始构建盾构隧道的各个组成部分。首先，使用 Revit 的“族”功能创建盾构机的刀盘模型。刀盘的直径和刀具配置应根据实际设计要求进行调整，以便适应不同的地质条件。接下来，利用“墙”工具创建隧道的内外壁，设置墙体的厚度和材料属性，以确保隧道的强度和稳定性。

随着模型的进一步构建，衬砌系统的设计也显得尤为重要。在 Revit 中，可以使用“楼板”工具生成衬砌层，设置适当的厚度和材料。这一过程需要与土体处理系统的设计相结合，确保衬砌能够有效承受土壤压力和其他外力。为此，设计团队需要在模型中添加土体处理设备和输送管道，以确保施工流程的完整性。

在完成基本结构建模后，细节的添加是提升模型质量的重要步骤。设计人员可以根据需要添加支撑结构，以确保隧道在施工和使用过程中的稳定性。此外，若隧道内需安装机电设备（如通风、照明等），则可在模型中进行相应的布局与配置。这些细节不仅增强了模型的真实感，也为后续的施工提供了明确的指导。

在整个建模过程中，Revit 的三维可视化功能使得设计人员能够直观地查看盾构隧道的结构，便于及时发现设计中的问题。通过设置不同的视图（如平面图、剖面图、三维视图等），设计团队可以更清晰地展示隧道结构。同时，添加必要的标注和注释，以便于后续的审查和沟通，确保设计信息的准确传递。

利用 Revit 进行盾构隧道建模的优势不仅体现在可视化和协同工作上，Revit 软件还能够将设计数据与模型关联，方便后续的分析和修改，提高了工作效率。此外，

Revit 还支持施工过程的模拟，帮助团队提前识别潜在的施工风险。通过这些功能，设计团队能够在设计阶段就考虑到施工中的各种因素，从而降低施工难度，提高施工安全性。

9.1.3　盾构隧道结构工程概况

项目设计：

（1）衬砌管片结构

每个衬砌管片长度为 1m，内径为 2m，外径为 3m。衬砌管片内外径尺寸如图 9-1 所示。管片采用高强度钢筋混凝土预制，具备优异的抗压和防水性能。在隧道掘进过程中，管片会逐节拼装，形成稳定的圆形隧道结构，确保隧道在复杂的地质条件下具备良好的承载能力。

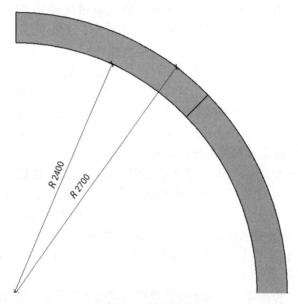

图 9-1　衬砌管片

（2）盾构法施工

项目采用盾构法进行隧道掘进，盾构机在隧道开挖的同时，自动安装衬砌管片。盾构机通过刀盘切削前方土体，并将掘进产生的土壤输送至地面。衬砌管片逐步拼装，以形成隧道的结构壁，保证隧道的稳定性和施工效率。

（3）隧道规模

隧道全长 1km，整个工程将安装 1000 节衬砌管片。通过盾构机的连续掘进和衬砌管片的精确安装，确保隧道结构的稳固性，并提供良好的抗渗水性能。

9.2　衬砌管片建模流程

如图 9-2 所示，点击"样板文件"选项卡，选择"结构样板"，然后点击"确定"创建新项目。

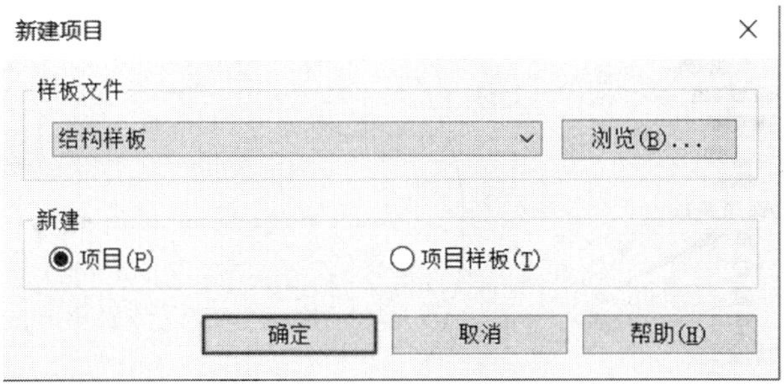

图 9-2　新建项目

如图 9-3 所示，在"项目"中点击"新建-族"。

图 9-3　新建族

先选择建立"模型线"，以便后续对管片进行建模，如图 9-4 所示。

图 9-4　建立模型线

如图 9-5 所示，将立面图栏打开，并选择前立面视图创建模型。
如图 9-6 所示，绘制一个符合实际情况的图形以方便建模。

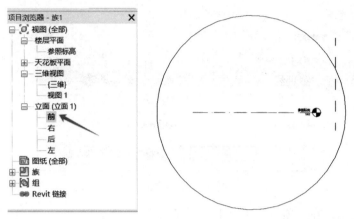

图 9-5　调整视图　　　　图 9-6　绘制符合实际情况的图形

如图 9-7 和图 9-8 所示，利用"拆分"命令将模型线进行分割，以便后续为创建衬砌管片模型提供帮助。

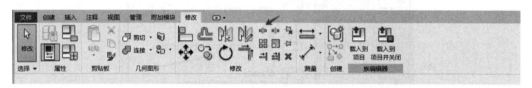

图 9-7　分割模型线按钮

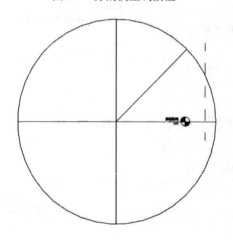

图 9-8　分割模型

如图 9-9～图 9-12 所示，使用"拉伸"命令进行管片建模，采用"选择起点、终点以及中心点"的绘制方法，对管片进行绘制建模。

图 9-9　"拉伸"按钮

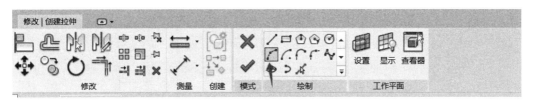

图 9-10　使用图形工具

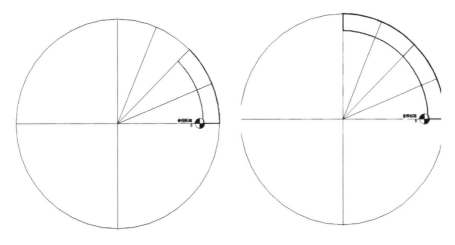

图 9-11　绘制第一块管片　　　　　　　图 9-12　绘制上部管片

　　绘制完成一部分模型后，可以采用"镜像"命令，选中已经绘制好的模型以及水平镜像轴进行模型的建立，如图 9-13、图 9-14 所示。

　　点击"载入到项目"命令，将建立好的模型导入到项目中进行下一步处理，如图 9-15 所示。

图 9-13　"镜像"命令

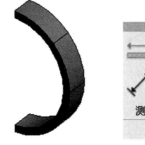

图 9-14　管片族　　　　　　　　　　图 9-15　载入族

　　在合适的立面视图上建立一条模型线，如图 9-16 所示。

图 9-16   建立一条模型线

使用"镜像"命令，选取已经创建好的模型线，镜像管片模型，如图 9-17、图 9-18 所示。

将项目视图调整为西立面视图，如图 9-19 所示。

图 9-17   "镜像"命令

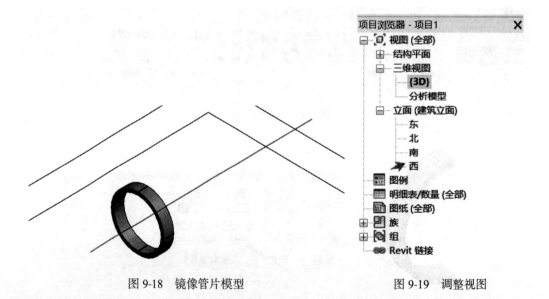

图 9-18   镜像管片模型   图 9-19   调整视图

选中西立面视图中已经建立好并且导入到项目中的衬砌管片族，选择"阵列"命令，阵列衬砌管片模型，如图 9-20、图 9-21 所示。

图 9-20　"阵列"工具

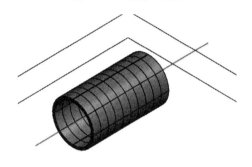

图 9-21　阵列衬砌管片模型

衬砌管片建模教程见"管片.mp4"。

管片.mp4

9.3　盾构衬砌管片施工模拟

在 Revit 中进行盾构衬砌管片施工模拟时，首先需要准备详细的设计资料，如管片的尺寸和材料信息。接着，在 Revit 中创建项目，使用族编辑器为盾构机和衬砌管片创建合适的族模型。随后，将这些族插入项目中，按照设计布局形成环形结构，建立整个隧道的走向模型。

为了模拟施工过程，可以运用 Revit 的时间轴功能，或导入其他软件（如 Navisworks）进行 4D 施工模拟，展示管片安装顺序和施工进度。在此过程中，还可以生成施工图纸、材料表及其他文档，以支持现场施工和管理。同时，利用 Revit 的分析插件进行结构分析，确保模型的准确性和安全性。最后，通过 Revit 的协作功能，与其他团队成员共享模型，实现多专业的协作与协调。这样，就可以利用 Revit 有效地模拟盾构衬砌管片的施工过程，帮助进行设计验证和施工指导。

思考题

1. 什么是盾构隧道？其主要应用领域有哪些？
2. 衬砌管片的设计需要满足哪些要求？
3. 盾构衬砌管片在施工中是如何安装的？
4. 如何选用合适的材料制造衬砌管片，以保证其强度和耐久性？
5. 盾构隧道施工对周边环境可能产生哪些影响？如何进行环境影响评估？

|第10章| 整体式隧道结构建模

10.1 整体式隧道结构简介

10.1.1 整体式隧道结构概况

整体式隧道结构是土木工程领域中一种广泛应用的结构形式，特别是在公路、铁路、地铁以及水利工程中具有重要地位。其主要特点在于通过连续浇筑或拼装，使隧道各部分（如拱顶、侧墙、底板等）形成一个整体，避免了分段施工所带来的结构裂缝和接口问题，从而提高了隧道的整体强度和稳定性。

整体式隧道结构相比其他结构形式，具有良好的抗变形能力和抗震性能，能够适应复杂多变的地质条件和环境压力，尤其在面对高水压力、软弱土层、地震等不利工况时展现出显著的优势。

（1）整体式隧道的结构形式

根据具体工程需求，整体式隧道结构可以采用多种设计形式，以适应不同的地质条件和功能要求。常见的结构形式包括：

半衬砌结构：该结构形式主要用于地质条件较好、地下水较少的隧道中。它仅对隧道的上半部分进行衬砌，底部仍依赖原地基或采用简单基础设计。这种结构形式成本较低，适用于对整体防水和强度要求不高的隧道工程。

直墙拱结构：这是一种最常见的隧道结构形式，拱顶采用弧形设计，侧墙为直立。拱顶通过分散上方压力，使结构受力更加均匀，直立的侧墙则承受来自两侧的土压力。该结构在地质条件较差的情况下，尤其是面对软弱土层或大荷载时，能够提供良好的承载力和稳定性。

连拱隧道结构：连拱隧道设计用于在一条隧道内同时容纳两条或多条通道，通道之间由中隔墙分隔。连拱隧道常用于双向车流密集的公路或铁路隧道，也适用于需要大规模开挖的城市地下交通项目。连拱隧道能够减少施工开挖量，并提高结构的空间利用率。

（2）整体式隧道结构的施工方式

整体式隧道结构的施工方法多样，常见的包括明挖法、暗挖法和盾构法等。

明挖法：适用于地表施工条件较好，且隧道较浅的工程。在采用明挖法时，通常需要先开挖地表，待隧道结构施工完成后再进行回填。该方法施工较为简单，但需要占用较大的地表空间，因此在城市密集区并不常用。

暗挖法：主要用于城市地下空间开发或穿越既有建筑的工程。暗挖法无须大面积开挖地表，而是在地下通过爆破或机械挖掘完成隧道结构的施工，具有较好的隐蔽性与较小的地面扰动。

盾构法：盾构法是当前较为先进的一种隧道施工方法，适用于穿越软弱土层或水下的隧道工程。盾构机通过前端刀盘掘进，后方的隧道衬砌拼装同步进行，从而保证了施工的连续性和结构的整体性。

在整体式隧道施工过程中，常常会采用"工厂化预制、现场装配"的方式，以提高施工效率和质量控制水平。预制构件的标准化生产能够有效降低误差，并缩短现场施工时间，从而加快工程进度。

（3）整体式隧道的应用

整体式隧道结构的应用领域十分广泛，主要包括公路、铁路、地铁、水利等工程领域。在公路隧道中，整体式结构具有良好的抗压能力，能够承受重型交通工具的大荷载以及地质变化带来的压力，使其成为山岭隧道的理想选择。在铁路隧道中，整体式隧道结构提供了平稳的轨道支撑，减少了因地质沉降或变形带来的安全隐患。地铁工程中，整体式隧道结构能够合理利用有限的地下空间，减少施工过程中对地面建筑的影响，尤其在城市核心区地铁线路中应用广泛。在水利工程中，整体式隧道则常用于跨江、跨河的输水隧道或涵洞。其良好的防水性能确保了隧道在高水压力下长期稳定地运行。

（4）整体式隧道的未来发展

随着建筑技术的进步，整体式隧道结构的发展方向也在不断演进。现代化施工方法与数字化管理技术的结合，如 BIM 技术的应用，使隧道的设计、施工和维护更加高效。智能监控系统的应用也使得隧道施工过程中的质量监控更加精准，确保结构安全性和稳定性。

此外，预制构件和模块化施工方法在整体式隧道建设中的应用日益广泛，特别是在大型隧道工程中。预制技术不仅提高了施工速度，还有效降低了施工误差，提升了工程质量。随着环保要求的提高，未来的整体式隧道结构将更加注重使用绿色建筑材料，并减少施工对环境的负面影响。

整体式隧道结构凭借其卓越的整体性和承载能力，在复杂工程环境中展现出显著的优势。通过不断进行技术创新与优化，整体式隧道结构将在未来的基础设施建设中扮演更加重要的角色，成为满足现代化交通、地下工程需求的重要解决方案。

10.1.2 隧道结构设计概况

本项目为多种隧道结构组合施工，包含半衬砌结构、直墙拱结构和连拱隧道结构，分别用于不同地质条件下的地下通道施工，以满足区域交通和地下基础设施的需求。各结构的设计分别为半衬砌结构（半径为 1.4m）、直墙拱结构（半径为 1.5m），以及连拱隧道结构（半径为 2.2m）。

本项目根据各地段地质条件及功能需求，合理选用三种隧道结构形式，其设计尺寸详见图 10-1～图 10-3，在确保结构安全稳定的前提下，优化施工进度与成本控制。

通过对半衬砌、直墙拱和连拱隧道结构的灵活组合，项目将顺利满足交通通行和基础设施建设的多重要求。

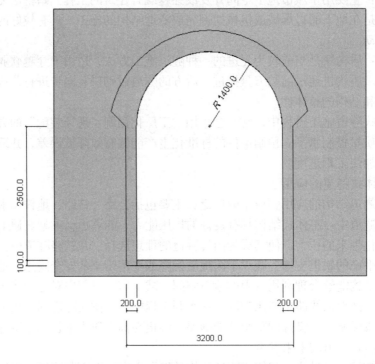

图 10-1　半衬砌结构设计尺寸

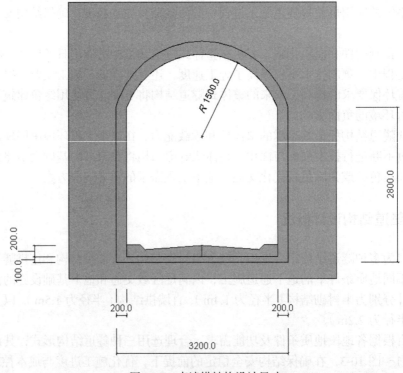

图 10-2　直墙拱结构设计尺寸

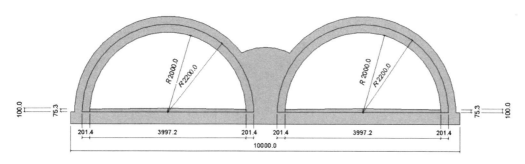

图 10-3 连拱隧道结构设计尺寸

10.2 半衬砌结构建模流程

先使用"拉伸"命令对隧道周围的土体进行拉伸建模,如图 10-4 所示。

图 10-4 "拉伸"按钮

点击"拉伸"命令之后,可以使用不同形状的草图工具创建模型,如图 10-5 所示。

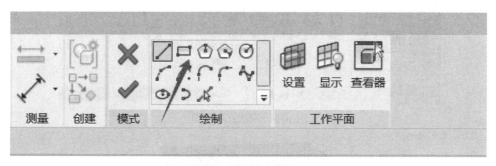

图 10-5 建立模型

创建完模型之后,可以点击"空心形状"命令对隧道形状的模型进行挖取,如图 10-6、图 10-7 所示。

图 10-6 "空心形状"按钮

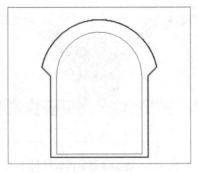

图 10-7　挖除多余模型后的草图

再次点击"拉伸"命令对衬砌结构进行建模，依照实际情况进行相应的参数调整，如图 10-8 所示。

图 10-8　再次点击"拉伸"按钮

对拉伸后创建的模型进行空心挖取，以形成最终所需要的衬砌结构模型，如图 10-9、图 10-10 所示。

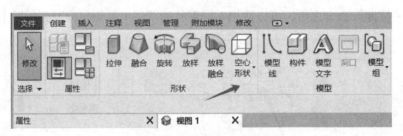

图 10-9　空心挖取模型

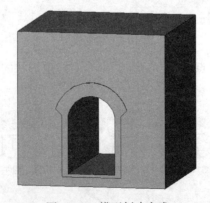

图 10-10　模型创建完成

衬砌.mp4

半衬砌结构建模教程见"衬砌.mp4"。

10.3　直墙拱结构建模

采用"拉伸"命令建立衬砌结构所在的土体模型，如图 10-11 所示。

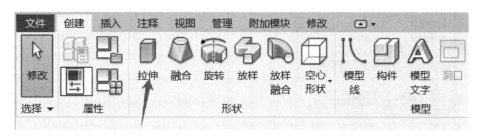

图 10-11　"拉伸"命令

在使用"拉伸"命令建立好的模型上，使用"空心形状"命令对土体进行模型形状的开挖，并建立所需要的直墙拱衬砌，如图 10-12、图 10-13 所示。

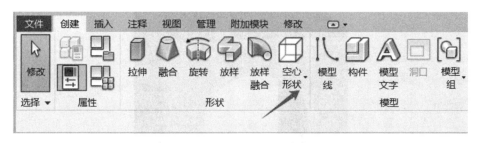

图 10-12　"空心形状"命令

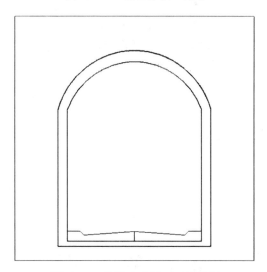

图 10-13　挖除多余模型后的草图

可根据实际需要，通过调整拉伸起点和终点来控制拉伸长度（如图 10-14 所示）。
对于隧道内部的一些必要结构进行建模，如图 10-15 所示。
最终建立的模型如图 10-16 所示。

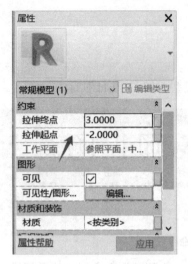

图 10-14　调整拉伸长度

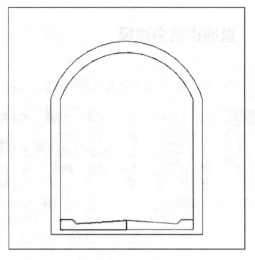

图 10-15　必要结构绘制

图 10-16　模型建立

10.4　连拱隧道结构建模

因为隧道工程往往很长，所以可以在建模之前将项目的单位修改成米（m），以方便后续的建模，步骤如图 10-17～图 10-19 所示。

图 10-17　点击"项目单位"

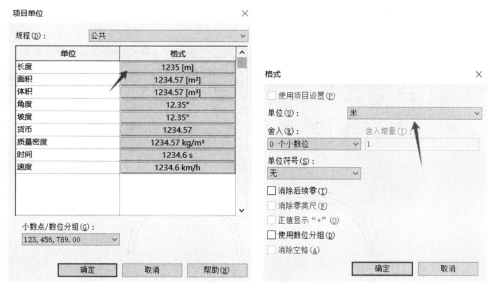

<table>
</table>

图 10-18　长度单位修改　　　　图 10-19　修改单位为米

先采用"拉伸"命令对所需要的土体进行建模，并根据实际的尺寸绘制草图，拉伸模型，如图 10-20 所示。

图 10-20　拉伸模型

拉伸后的土体模型采用"空心形状"命令，对土体进行模型形状的开挖，绘制隧道形状，如图 10-21、图 10-22 所示。

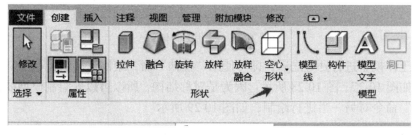

图 10-21　"空心形状"命令

图 10-22　挖除多余模型后的草图

在使用"空心形状"命令之后，可以使用"拉伸"命令对衬砌结构进行绘制，如图 10-23、图 10-24 所示。

图 10-23　"拉伸"工具

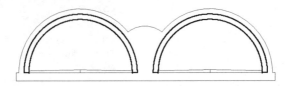

图 10-24　绘制衬砌结构

随即便可以采取"空心形状"命令挖除土体模型的多余部分，如图 10-25、图 10-26 所示。

图 10-25　"空心形状"命令

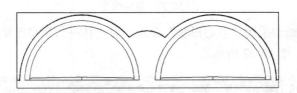

图 10-26　除去多余模型

在对土体模型进行处理之后，即可使用"拉伸"命令绘制衬砌结构草图，并确定拉伸参数，如图 10-27、图 10-28 所示。因为是对称结构，所以可以先绘制模型线，然后采用"镜像"命令对另一半进行绘制，如图 10-29 所示。

图 10-27　拉伸模型

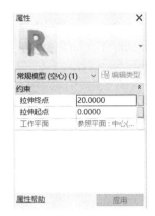

图 10-28　调整拉伸长度

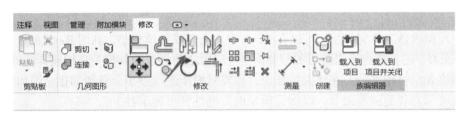

图 10-29　"镜像"命令

绘制完衬砌结构之后便可以对内部的一些结构进行绘制，如图 10-30 所示。

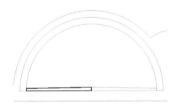

图 10-30　内部结构绘制

所建模型如图 10-31、图 10-32 所示。

图 10-31　建立模型

图 10-32　模型全貌

建立的模型默认采用线框表示，可以点击图 10-33 中的 "  " 按钮，在列表中找到
"着色" 按钮，即可体现出所建模型的材质和颜色，方便后续观察。

图 10-33   材质着色

10.5   连拱隧道结构施工模拟

当模型准备工作完成后，可以在 Revit 中建立连拱隧道模型。利用 Revit 的 "体量和
建筑" 工具，逐步搭建连拱隧道的整体形态。应用之前创建的族模型来构建具体的细节，
如直墙拱和半衬砌部分。在建模过程中，需要对模型进行逐步调整和细化，添加支护结
构、连接节点和缝隙等细节，以保证模型的准确性和可施工性。

如果需要对施工过程进行模拟，可以利用 Revit 的时间轴功能进行简单的施工阶段
模拟，或将模型导出到其他 4D 模拟软件（如 Navisworks），以获得更为详细的进度管理
和施工组织计划。同时，为了支持现场施工操作，需要在 Revit 中生成详细的施工图纸、
材料明细表和相关文档。

思考题

1. 什么是整体式隧道结构？其主要特点是什么？
2. 半衬砌结构的特点和应用场合有哪些？
3. 在直墙拱结构建模时，需要注意哪些参数和条件？
4. 连拱隧道结构与传统隧道结构相比，有哪些优势？
5. 在整体式隧道结构建模时，常用的建模软件有哪些？
6. 在不同的地质条件和荷载情况下，如何选择合适的隧道结构形式？

第 11 章 | 沉管结构建模

11.1 沉管结构工程项目简介

　　某项目旨在创建一段长 180m 的沉管隧道标准管节模型，该模型由 8 个相同的节段组成，每个节段长度设为 22.5m。为了便于参数化设计，节段数量用参数 n 表示，单个节段长度用参数 d 表示。整体结构采用混凝土材质。设计时重点考虑模块化生产和水下对接的需求，确保每个节段在工厂内高效预制，并能在施工现场准确对接和下沉。

　　图 11-1 为沉管隧道标准管节模型剖面图，具体项目数据见图中标注，单位为毫米（mm）。

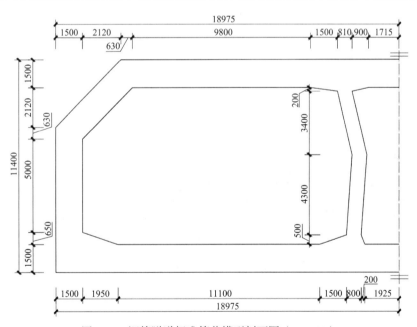

图 11-1　沉管隧道标准管节模型剖面图（1：100）

11.2 沉管结构建模流程

　　打开 Revit2020，点击"族"面板中的"新建"按钮，在"新族-选择样板文件"对话框中选择"公制常规模型",如图 11-2 所示。

图 11-2　公制常规模型

在创建模型前进行读图,完全掌握设计图纸后即可制订模型的绘制计划。开始创建模型时,在视图界面中进入前立面视图进行绘制,如图 11-3 所示。

按照设计图纸相应尺寸,在"创建"选项卡中选择"拉伸"命令,点击"绘制"面板中的"线"命令对模型轮廓进行绘制,如图 11-4～图 11-6 所示。

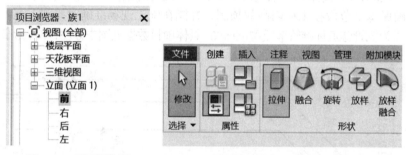

图 11-3　项目浏览器　　　　　　　图 11-4　选择"拉伸"命令

图 11-5　点击"线"命令

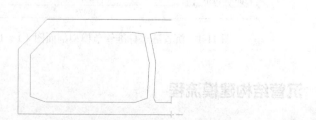

图 11-6　绘制模型外轮廓

在"修改"面板选择"镜面-拾取轴"命令，如图 11-7 所示。

以参照线为对称轴选中模型轮廓，镜像绘制模型轮廓，得到完整轮廓后点击"模式"下的"✔"完成编辑模式，步骤如图 11-8～图 11-10 所示。

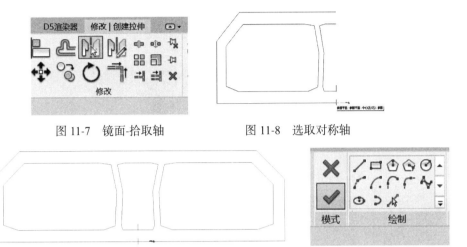

图 11-7 镜面-拾取轴　　　　　　　图 11-8 选取对称轴

图 11-9 镜像后得到完整轮廓　　　　图 11-10 完成编辑模式

单个节段长度为 22.5m，据此确定参照线。在"创建"选项卡下的"基准"面板中点击"参考线"命令，在"绘制"面板中选择"拾取线"命令，并在偏移处输入"= 22500/2"。以横向参考线为中心轴，在上下两侧画出宽度为 22.5m 的参考线，步骤如图 11-11～图 11-14 所示。

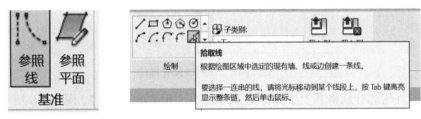

图 11-11 "参考线"命令　　　　　图 11-12 选择"拾取线"命令

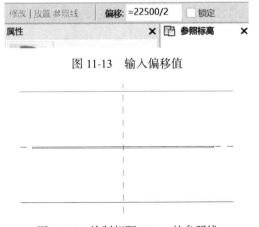

图 11-13 输入偏移值

图 11-14 绘制相距 22.5m 的参照线

继续在"测量"面板下选择"对齐尺寸标注"命令，对参照线进行尺寸标注，如图 11-15、图 11-16 所示。

图 11-15   选择"对齐尺寸标注"

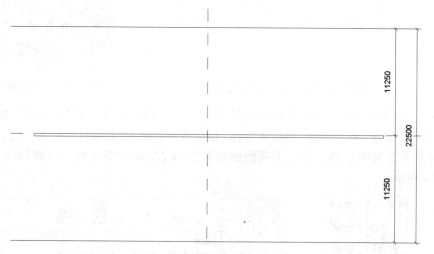

图 11-16   参照线尺寸标注

选中外轮廓分别将其上下拉伸至参考线处，步骤如图 11-17、图 11-18 所示，沉管隧道标准管节三维模型如图 11-19 所示。

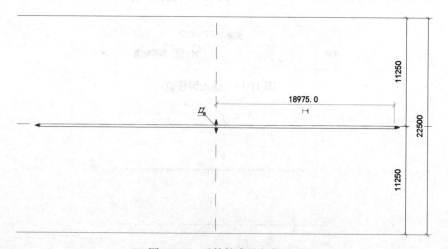

图 11-17   对外轮廓进行拉伸

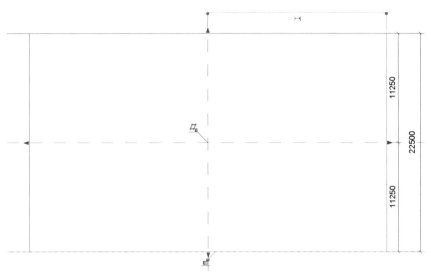

图 11-18　外轮廓拉伸至参考线

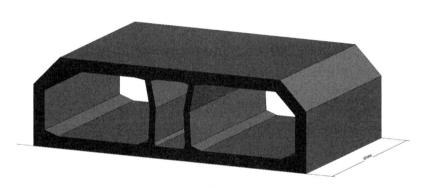

图 11-19　沉管隧道标准管节三维模型

　　选中尺寸"22500"进行尺寸参数标注，在"标签尺寸标注"面板下点击"创建参数"命令，在"参数数据"对话框下"名称"输入框中输入"d"后点击"确定"，如图 11-20、图 11-21 所示。

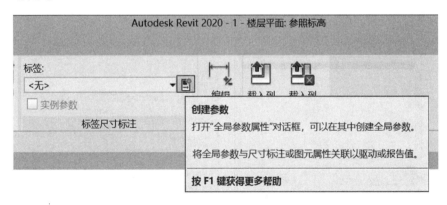

图 11-20　点击"创建参数"命令

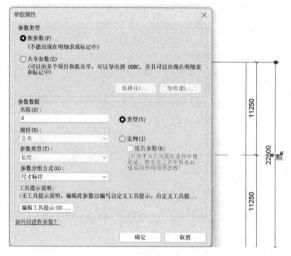

图 11-21　输入参数数据名称"d"

选中模型后在右侧"材质和装饰"选项卡中点击"关联族参数",继续点击"新建参数"选项,在"参数数据"选项卡的"名称"输入框中输入"材质"后点击"确定",步骤如图 11-22～图 11-24 所示。

图 11-22　点击"关联族参数"

图 11-23　点击"新建参数"　　　　图 11-24　输入参数数据名称"材质"

依次点击"文件""新建""族"，双击"公制常规模型"，如图 11-25、图 11-26 所示。

图 11-25　新建族

图 11-26　双击"公制常规模型"

返回模型，点击"族编辑器"面板下的"载入到项目"命令，将新建族载入到新建公制常规模型，如图 11-27、图 11-28 所示。

图 11-27　点击"载入到项目"

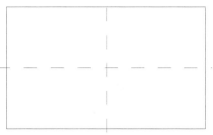

图 11-28　载入至新建公制常规模型

　　将相关参数关联到新建公制常规模型，点击"编辑类型"选项卡，分别进入"材质和装饰"和"尺寸标注"对话框关联参数，将"材质"和"d"分别关联进参数中，步骤如图 11-29～图 11-32 所示。

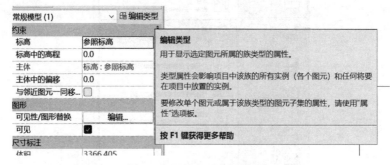

图 11-29　点击"编辑类型"

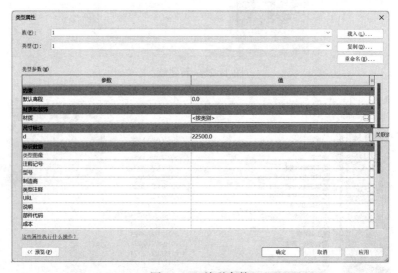

图 11-30　关联参数

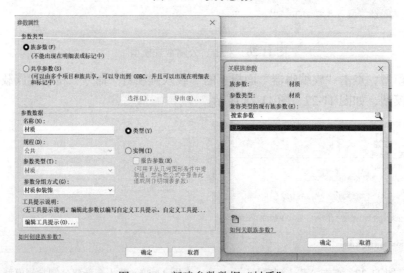

图 11-31　新建参数数据"材质"

图 11-32　新建参数数据 "d"

　　为了更好地进行阵列，需要将模型底部移动至横向参考线上。在"修改"面板中，选择"移动"命令，选中模型后按下"回车"键将模型移动至横向参考线上，如图 11-33、图 11-34 所示。

图 11-33　选择"移动"命令

图 11-34　将模型移动至横向参考线

　　方法同图 11-11～图 11-13 所示，将横向参考线偏移 22.5m，结果如图 11-35 所示；对图 11-35 进行尺寸标注，如图 11-36 所示。

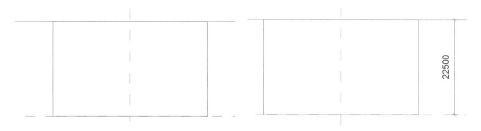

图 11-35　将横向参考线偏移 22.5m　　　　　图 11-36　参考线尺寸标注

　　选中"22500"尺寸标注，在"标签尺寸标注"面板中展开下拉标签，选择"d = 22500"标签，如图 11-37、图 11-38 所示。

图 11-37　"标签尺寸标注"界面

图 11-38 选中"d = 22500"标签

阵列前将模型图元对齐锁定，防止阵列过程中模型错位，点击"修改"面板的"对齐"命令，选中底部参考线与模型底部进行锁定，如图 11-39、图 11-40 所示。

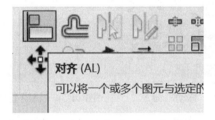

图 11-39 点击"对齐"命令

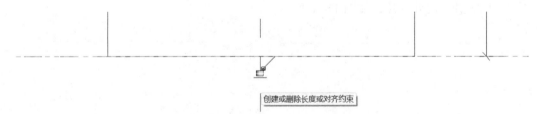

图 11-40 底部对齐锁定

对模型进行阵列，点击"修改"面板上的"阵列"命令，选中模型后按"回车"键，以模型右下点为阵列基准点向上阵列，将阵列数改为"8"，建立沉管结构三维模型，步骤如图 11-41～图 11-44 所示。

图 11-41 点击"阵列"命令

图 11-42　向上阵列

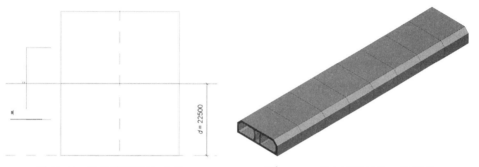

图 11-43　修改阵列数为"8"　　　　图 11-44　建立沉管结构三维模型

　　点击"属性"面板下的"族类型"命令，修改材质为"混凝土"，得到 180m 长的混凝土沉管隧道标准管节模型，步骤如图 11-45～图 11-47 所示。

图 11-45　点击"族类型"命令

图 11-46　修改材质为"混凝土"

图 11-47   沉管隧道标准管节模型

沉管结构.mp4

沉管结构建模教程见"沉管结构.mp4"。

11.3   沉管结构施工模拟

沉管结构施工模拟是对沉管隧道建设过程进行虚拟仿真，以便优化施工方案、提高施工效率和安全性。该模拟通常包括以下几个关键步骤：

（1）设计阶段

在施工模拟开始之前，首先需要进行详细的设计，包括沉管的尺寸、形状、材料以及施工环境的分析。这一阶段还需考虑地质条件、水文情况和周边环境等因素。

（2）施工准备

在模拟中，需展示施工现场的准备工作，包括设备的选型、施工人员的培训、材料的采购和运输等，确保所有资源在施工前都已到位。

（3）沉管制造

模拟沉管的制造过程，包括钢壳的焊接、混凝土的浇筑和养护等。这一过程需要考虑生产工艺、质量控制和安全措施。

（4）沉管运输

模拟沉管从制造厂到施工现场的运输过程，展示运输工具的选择、运输路线的规划以及运输过程中的安全管理。

（5）沉管下沉

这是施工模拟的核心环节。模拟沉管在水下的下沉过程，包括沉管的定位、下沉速度的控制、沉管与海床的接触等。这一过程需要考虑水流、潮汐等外部因素对沉管下沉的影响。

（6）接头处理

沉管下沉后，需进行接头处理，以确保各段沉管之间的密封性和结构稳定性。模拟中需展示接头的施工工艺和质量检测。

（7）后续施工

沉管结构完成后，需进行后续的施工作业，如隧道内部的装修、设备的安装和通风系统的建设等。

（8）安全管理

在整个施工模拟过程中，需强调安全管理措施，包括应急预案、施工人员的安全培训和现场的安全监测。

通过沉管结构施工模拟，可以有效识别潜在问题，优化施工流程，降低施工风险，提高工程的整体效率和安全性。这种模拟不仅可以帮助工程师直观地理解施工过程，还为决策提供了科学依据。

11.4　沉管结构的应用

沉管结构在现代基础设施建设中扮演着至关重要的角色，尤其是在水下交通工程领域。其应用主要集中在海底隧道、河流隧道以及其他水下通道的建设中，旨在实现陆地与水域之间的高效连接。以海底隧道为例，沉管结构能够有效地穿越深水区域，提供安全、便捷的交通解决方案，极大地缩短了行程时间，促进了区域经济的发展。

在城市交通系统中，沉管结构的应用尤为显著。例如，某些城市通过沉管隧道连接两岸的主要交通干道，缓解了地面交通的压力，减少了交通拥堵。这种隧道不仅能供汽车通行，还可设计为铁路隧道，支持高铁等快速轨道交通，从而提升城市整体交通效率。

此外，沉管结构还可用于供水和排水系统的建设，确保城市在水资源管理和防洪排涝方面的有效运作。

在施工过程中，沉管结构的制造、运输和沉放等环节都需要精确的技术支持。沉管通常在陆地上预制，然后通过水路运输到施工现场，最后沉入预先挖好的沟槽中。这一过程要求施工团队具备丰富的经验和高超的技术，以确保沉管的准确定位和安全安装。随着技术的进步，现代沉管结构的施工方法也在不断创新，例如采用先进的沉放设备和监测技术，以提高施工效率和安全性。

此外，沉管结构的设计也在不断演进。现代设计不仅考虑水压力、土壤条件和材料特性，还注重环境保护和可持续发展。例如，在设计沉管结构时，需考虑其对水生生态的影响，并采取相应措施以降低施工对环境的干扰。

通过采用新型环保材料和施工技术，沉管结构在满足功能需求的同时，也能实现对自然环境的友好。

总之，沉管结构的应用不仅提升了交通运输的效率，还在城市基础设施建设中发挥了重要作用。随着技术的不断进步和设计理念的创新，沉管结构在未来的应用前景广阔，必将为全球的基础设施发展带来更多的可能性。

思考题

1. 什么是沉管结构？它通常应用于哪些工程项目中？
2. 沉管结构设计时需要考虑哪些关键因素？
3. 在进行沉管结构建模时，一般遵循哪些基本步骤？
4. 在沉管结构中常用的材料有哪些？各自的优点是什么？
5. 随着技术的发展，沉管结构设计和建模方法有哪些新趋势和创新技术？

|第12章| 顶管结构及箱涵结构建模

12.1 顶管结构及箱涵结构工程项目简介

顶管结构的长度可以根据具体的工程项目需求而变化。顶管工程主要用于地下管道的铺设，如供水、排水、燃气管道等，其长度从几十米到几千米不等。某项目旨在构建一段长 20m 的顶管结构，其中包括 10 个相同的节段，每个节段长度设定为 2m。整体结构采用钢管材质，重点考虑模块化生产和地下施工作业的要求，确保每个节段能够在工厂内高效预制，同时在施工现场准确推入地下并与前后连接。该项目致力于降低施工对地表环境的影响，同时提升施工效率与安全性，如图 12-1 所示。

图 12-1 顶管结构

选取顶管结构其中一节，长度为 2m，外管半径为 0.6m，管壁厚为 0.12m，材质为钢管，如图 12-2 所示。

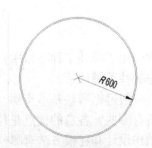

图 12-2 顶管结构正视图（1∶100）

12.2　顶管结构及箱涵结构建模流程

12.2.1　顶管结构建模

打开 Revit2020，点击"族"面板中的"新建"命令，在"新族-选择样板文件"对话框中，打开"公制常规模型"，如图 12-3 所示。

图 12-3　打开"公制常规模型"

在创建模型前进行读图，完全掌握设计图纸后即可制订模型的绘制计划。开始创建模型，首先在视图界面中进入前立面视图进行绘制，如图 12-4 所示。

按照设计图纸相应尺寸，在"创建"选项卡中选择"拉伸"命令，点击"绘制"面板中的"圆形"命令，输入"半径"值"600.0"后进行绘制，步骤如图 12-5～图 12-8 所示。

图 12-4　项目浏览器

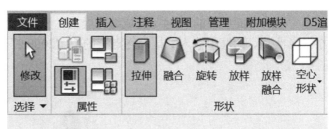

图 12-5　选择"拉伸"命令

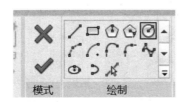

图 12-6　绘制圆形界面

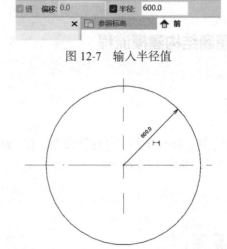

图 12-7　输入半径值

图 12-8　绘制半径为 600mm 的圆

点击"绘制"面板的"拾取线"命令，在"偏移"处输入偏移值"12"将半径 600.0 的圆向内偏移，完成外半径为 600.0、壁厚为 12.0 的圆环绘制，步骤如图 12-9～图 12-11 所示。

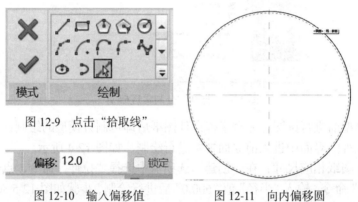

图 12-9　点击"拾取线"

图 12-10　输入偏移值　　　图 12-11　向内偏移圆

点击"模式"面板中的"✔"完成编辑模式，如图 12-12 所示。

在"属性"对话框中输入"拉伸终点"的值"2000.0"，改变模型长度，如图 12-13 所示。

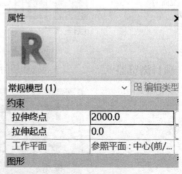

图 12-12　完成编辑模式　　　图 12-13　输入"拉伸终点"的值

在"属性"对话框中修改"材质"为"钢管",如图 12-14 所示。

长度为 2m、外管半径为 0.6m、管壁厚为 0.12m 的钢管材质顶管结构三维模型如图 12-15 所示。

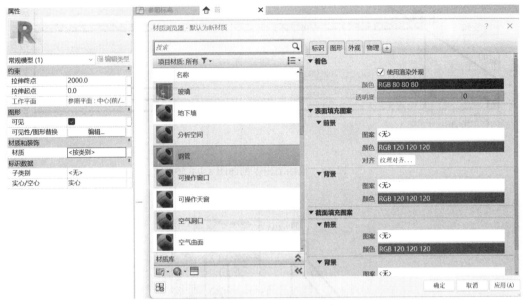

图 12-14　修改"材质"为"钢管"

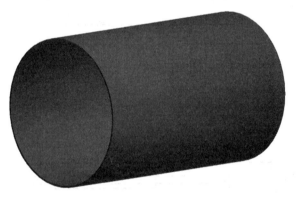

图 12-15　顶管结构三维模型

顶管结构.mp4

顶管结构建模教程见"顶管结构.mp4"。

12.2.2　箱涵结构建模

　　某项目计划于原河道东侧新建一座箱涵结构,以此作为改造该区域模拟河的关键举措。新设计的箱涵为单孔结构,采用混凝土材料建造,其中心里程标记为 KO + 5××(其中××为隐去的具体数字),并配备有一定的宽幅,以确保足够的通行与排水空间。这一项目的实施,将有效提升模拟河区域的防洪标准,优化周边环境,并为未来区域发展奠定坚实的基础。

　　模型具体数据如图 12-16～图 12-19 所示。

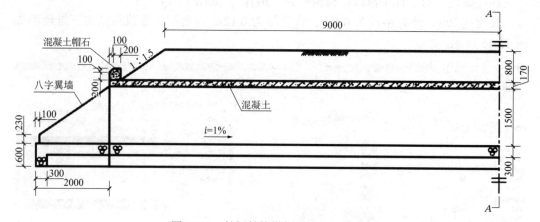

图 12-16　箱涵结构纵剖面图（1∶50）

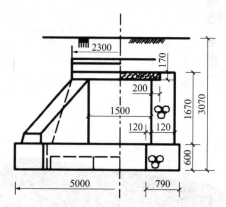

图 12-17　箱涵结构 *A*—*A* 剖面图（1∶50）

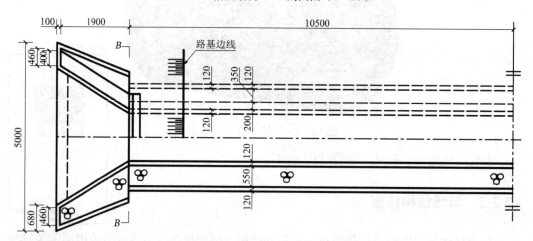

图 12-18　箱涵结构俯视图（1∶50）

　　打开 Revit2020，点击"模型"选项卡中的"新建"命令，在"新建项目"对话框中选择"建筑样板"，如图 12-20 所示。

　　在创建模型前进行读图，完全掌握设计图纸后即可制订模型的绘制计划。开始创建模型，在视图界面中进入"场地"进行绘制，如图 12-21 所示。

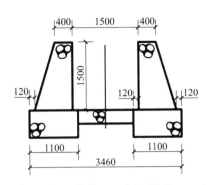

图 12-19　箱涵结构 B—B 剖面图（1∶50）

图 12-20　选择"建筑样板"　　　　　　　图 12-21　项目浏览器

在"建筑"选项卡中找到"构件"选项并点击"内建模型"命令，在弹出的对话框中选中"常规模型"，如图 12-22、图 12-23 所示。

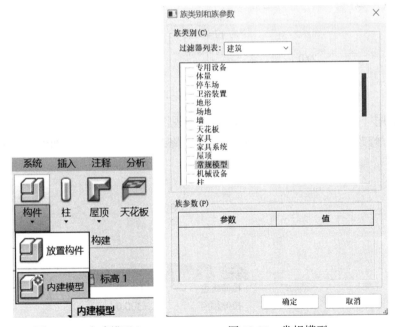

图 12-22　内建模型　　　　图 12-23　常规模型

按照设计图纸相应尺寸，在"创建"面板中选择"拉伸"命令，点击"绘制"面板中的"线"工具对模型轮廓进行绘制，如图 12-24、图 12-25 所示。

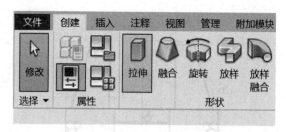

图 12-24 选择"拉伸"命令

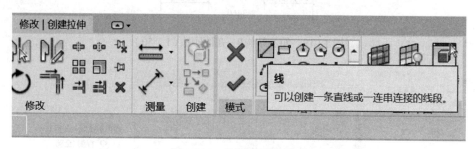

图 12-25 绘制模型线界面

根据图纸对应尺寸，开始绘制涵底，由俯视图结合*B—B*剖面图可确定涵底尺寸，将"拉伸终点"修改为"−300.0"，如图 12-26、图 12-27 所示。

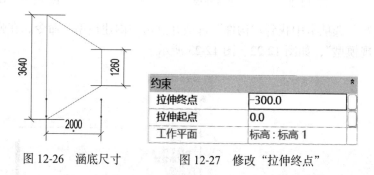

图 12-26 涵底尺寸　　　　图 12-27 修改"拉伸终点"

继续采用"拉伸"命令绘制截水墙，由俯视图结合纵剖面图可确定截水墙尺寸，将"拉伸起点"修改为"−300.0"，"拉伸终点"修改为"−600.0"，如图 12-28、图 12-29 所示。

图 12-28 截水墙　　图 12-29 修改"拉伸起点"与"拉伸终点"

截水墙三维模型如图 12-30 所示。

采用"拉伸"命令绘制翼墙，由俯视图结合B—B剖面图可确定对应尺寸，将"拉伸起点"修改为"0.0"，如图 12-31、图 12-32 所示。

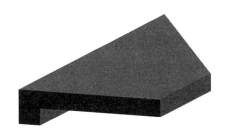

图 12-30　截水墙三维模型

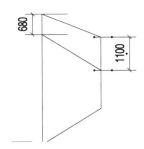

约束		
拉伸终点	−600.0	
拉伸起点	0.0	
工作平面	标高：标高 1	

图 12-31　绘制翼墙　　　　图 12-32　修改"拉伸起点"数值

点击"形状"面板下的"放样融合"命令继续绘制翼墙，选择"绘制路径"，由俯视图可确定绘制路径，如图 12-33～图 12-35 所示。

图 12-33　"放样融合"命令　　　图 12-34　选择"绘制路径"　　　图 12-35　绘制
路径

选择东立面视图编辑轮廓，步骤如图 12-36～图 12-38 所示。

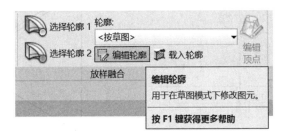

图 12-36　编辑轮廓

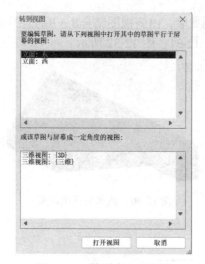

图 12-37　转到东立面视图

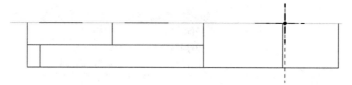

图 12-38　在东立面视图绘制

由俯视图结合纵剖面图可确定翼墙尺寸，如图 12-39 所示，绘制完成后，点击"选择轮廓 2"（图 12-40）后继续编辑，尺寸如图 12-41 所示，将绘制完成的翼墙进行镜像复制。绘制完成的二维翼墙如图 12-42 所示，三维模型如图 12-43 所示。

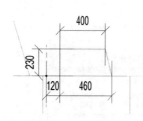

图 12-39　翼墙尺寸

图 12-40　点击"选择轮廓 2"

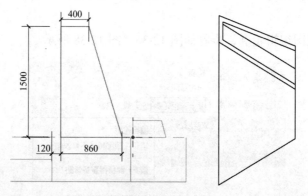

图 12-41　东立面视图翼墙绘制尺寸　图 12-42　二维翼墙

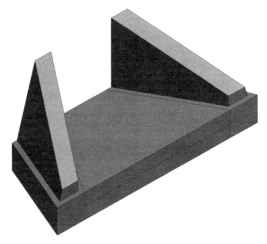

图 12-43 三维翼墙模型

　　继续绘制涵底常规模型，点击"拉伸"命令，由俯视图可确定涵底尺寸，并将"拉伸终点"修改为"−300.0"，如图 12-44、图 12-45 所示。点击"拉伸"命令绘制涵台，"拉伸终点"修改为"−600.0"，如图 12-46 所示。

图 12-44 绘制涵底

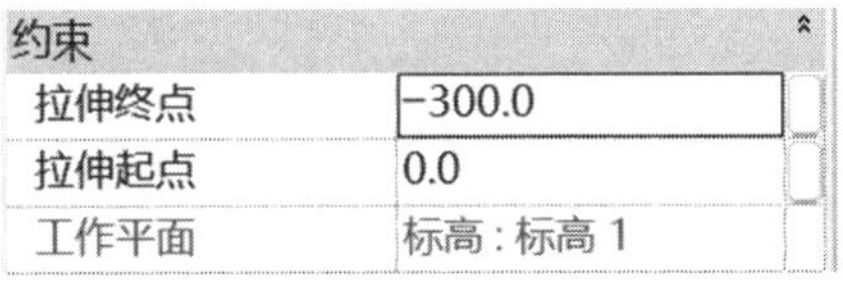

约束	
拉伸终点	−300.0
拉伸起点	0.0
工作平面	标高：标高 1

图 12-45 修改"拉伸终点"数值

图 12-46 绘制涵台

　　创建内置常规模型绘制涵台，在"形状"面板点击"放样"命令（图 12-47）开始绘制路径，绘制路径如图 12-48 所示。在东立面视图编辑轮廓，具体尺寸如图 12-49 所示，涵台绘制完成后镜像即可得到涵台三维模型，如图 12-50 所示。

图 12-47　点击"放样"命令

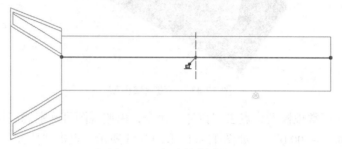

图 12-48　涵台绘制路径

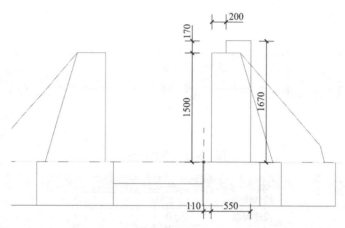

图 12-49　涵台尺寸

图 12-50　涵台三维模型

创建内置常规模型绘制盖板。点击"拉伸"命令绘制盖板，盖板尺寸如图 12-51 所示，通过三维视图修改盖板高度，如图 12-52 所示。

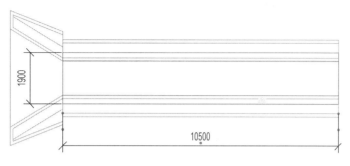

图 12-51　创建盖板

图 12-52　修改盖板高度

新建内置常规模型，点击"放样"绘制缘石，再点击"绘制路径"，如图 12-53 所示，在南立面视图编辑缘石轮廓，结合纵剖面图尺寸绘制，如图 12-54 所示，缘石三维模型如图 12-55 所示。

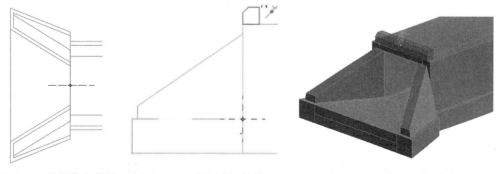

图 12-53　绘制缘石路径　　　图 12-54　绘制缘石轮廓　　　图 12-55　缘石三维模型

最后将绘制好的涵底、截水墙、翼墙以及缘石镜像到另一侧即可得到完整箱涵结构，如图 12-56 所示。

图 12-56　箱涵结构三维模型

箱涵结构.mp4

箱涵结构建模教程见"箱涵结构.mp4"。

12.3　顶管结构及箱涵结构施工模拟

12.3.1　顶管结构施工模拟

顶管结构施工是一种地下施工方法，主要用于地下管道、隧道等工程。以下是顶管结构施工的具体步骤：

（1）施工准备

设计与审批：确认施工图纸、设计方案，并获得相关部门的批准。

现场勘察：对施工现场进行勘察，了解地质情况、水文条件及周边环境。

设备准备：准备顶管机、牵引设备、管材、监测设备等。

（2）开挖工作井

工作井施工：选择适当的位置开挖工作井，通常位于顶管施工作业的起点。

井壁支护：采用钢板桩或者其他支护结构进行井壁支护，防止坍塌。

（3）设置顶管机

顶管机安装：将顶管机放置在工作井内，并进行必要的连接和调试。

管道对接：将顶管与顶管机进行对接，确保密封和连接牢固。

（4）顶进施工

启动顶管机：启动顶管机，控制顶进速度，一般速度在 10～20m/h。

监测施工：实时监测顶管进度、机头状态、土壤压力等参数，确保施工安全。

（5）管道安装

管道焊接或连接：顶管进至设计位置后，进行管道的焊接或连接工作。

密封处理：确保管道连接处的防水密封处理，避免漏水现象。

（6）破土回填

回填土方：在工作井及顶管出口周围进行土方回填，恢复地表原状。

压实处理：对回填土进行压实，确保地基稳固，并防止沉降。

（7）验收与检测

施工验收：对施工完成的顶管进行验收，检查管道的质量和位置是否符合设计要求。

环境恢复：对施工现场进行清理与环境恢复，确保施工对周边环境的影响降至最低。

（8）资料归档

记录与归档：将施工中的各类记录、监测数据以及验收报告进行整理归档，以备后续查询和管理。

（9）后期维护

定期检测：对已经完成的顶管进行定期检查，以确保长期运行的安全性和稳定性。

以上是顶管结构施工的一般步骤，具体操作可能会根据实际施工情况和设计要求有所不同，但都必须确保遵循安全规程和施工标准，保障施工质量。

12.3.2　箱涵结构施工模拟

箱涵结构施工的具体步骤可以分为以下几个主要环节：

（1）施工准备

设计与审批：确保施工图纸和设计方案经过审核并获得相关部门的批准。

现场勘察：对施工现场进行详细勘察，分析地质、地下水、交通等情况。

设备准备：准备施工所需的设备和材料，如箱涵预制模块、支撑设备、土方机械等。

（2）开挖基础

场地平整：对施工场地进行平整，清除障碍物，确保施工区域的安全和可通行性。

基础开挖：按照设计深度和宽度开挖基础，为箱涵的安装提供空间。

支护结构：根据需要设置支护结构，避免周围土体的坍塌。

（3）制作与运输箱涵

预制箱涵：在工厂或现场制作箱涵的预制混凝土构件，确保其达到设计强度和质量标准。

运输箱涵：将已制成的箱涵构件运输至施工现场，准备进行安装。

（4）安装箱涵

箱涵就位：使用吊装设备将箱涵模块逐块安装到预先开挖的基础上，确保对接严密。

调整与固定：对安装好的箱涵进行位置调整，确保其水平和垂直度符合设计要求，然后进行固定。

（5）填筑与回填

填筑底部：在箱涵底部采用砂垫层或者混凝土填筑，以提供良好的支撑。

回填填土：在箱涵周围进行回填土方，分层回填并进行夯实，确保箱涵的稳定性。

（6）施工验收

质量检查：对已完成的箱涵进行质量检查，检查其外观、尺寸、连接等是否符合设计要求。

隐蔽工程验收：对签证的隐蔽工程项目进行验收，确保施工过程中的隐蔽部位达到要求。

（7）环境恢复

现场清理：对施工现场进行清理，移除多余的材料和设备，保持施工区域整洁。

绿化恢复：如有必要，对施工现场进行绿化恢复，尽量减少对周围环境的影响。

（8）后期维护

定期检查：对箱涵结构进行定期检查，确保其长期稳定、无渗漏和其他损坏现象。

通过以上步骤，可以有效地完成箱涵结构的施工工作，确保其质量和安全性。

12.4 顶管结构及箱涵结构的应用

12.4.1 顶管结构的应用

顶管技术是一种广泛应用于地下工程建设的技术，特别是在城市基础设施的建设中，顶管技术因其独特的优势而备受青睐。顶管施工主要用于铺设地下管道，如供水、排水、燃气和电力等管线，尤其适合在城市密集区域进行施工。与传统的开挖法相比，顶管技术能够有效减少对地面交通和周边环境的影响，避免大规模的地面开挖和拆迁，降低施工对城市生活的干扰。

在顶管施工过程中，首先需要在起始点和终点之间进行精确的地质勘探，以确定土壤类型和地下水位等信息。然后，在起始点设置顶管机，通过液压系统将顶管逐步推进到地下。在推进过程中，顶管机会不断地切削土壤，并将其排出，同时在管道后方填充适当的材料，以保持土壤的稳定性。这一过程不仅高效，而且能够在较小的空间内完成，适合于城市狭窄街道和复杂的地下环境。

顶管结构的设计也在不断进步，现代顶管结构通常采用高强度的钢材或复合材料，确保其在地下环境中的耐久性和安全性。此外，随着技术进步，顶管机的智能化程度持续提升，其配备的先进监测系统可实时监控施工过程中的压力、位移及土壤状态，从而确保施工安全与精度。顶管结构不仅用于城市管线的铺设，还可以用于隧道建设、地下停车场和地下商业空间的开发。采用顶管技术进行施工，可使城市更有效地利用地下空间，缓解地面交通压力，同时提升城市整体功能与形象。同时，顶管技术施工在环境保护方面也具有显著优势。因其施工过程对周围生态的影响较小，所以顶管技术符合可持续发展的理念。

总之，顶管技术作为一种高效、环保的地下施工技术，已成为现代城市基础设施建设的重要组成部分。随着技术的不断进步和应用领域的拓展，顶管结构将在未来的城市发展中发挥更加重要的作用，为城市的可持续发展贡献力量。

12.4.2 箱涵结构的应用

箱涵结构是一种重要的地下工程形式，广泛应用于城市基础设施建设中，尤其是在交通、排水和供水系统的建设中。箱涵通常由混凝土或钢材制成，具有良好的承载能力和耐久性，能够有效地承受地面交通荷载和地下水压力。其设计和施工灵活多样，适用于不同的地质条件和使用需求。

在城市交通系统中，箱涵结构常被用于道路与铁路的下穿通道建设，不仅能有效解决地面与地下交通的交叉问题，还可减少交通冲突，提升通行效率。通过设置箱涵结构，城市可以在不影响地面交通的情况下，顺利铺设地下管线，确保供水、排水和电力等基础设施的正常运行。此外，箱涵结构的设计可以根据实际需求进行调整，以满足不同交通流量和荷载的要求。

在排水系统中，箱涵结构被广泛应用于雨水和污水的收集与排放。其封闭的结构能够有效防止污水外泄，保护周围环境。同时，箱涵结构可以实现雨水的快速排放，降低城市内涝的风险，提高城市的防洪能力。通过合理的箱涵布局，城市可以有效管理雨水资源，促进雨水的回收利用，提升城市的可持续发展水平。

在施工方面，箱涵结构的施工工艺相对成熟，通常采用预制和现场浇筑相结合的方式。预制箱涵可以在工厂内进行生产，确保质量和工期，而现场浇筑则可以根据地质条件进行灵活调整。在施工过程中，箱涵结构的安装和连接需要精确对接，以确保其整体的密封性和稳定性。

此外，箱涵结构在环保方面也具有显著优势。其封闭的设计能够有效隔离噪声和污染，改善周围环境质量。同时，箱涵结构的建设能有效减少对地表植被及生态环境的破坏，契合现代城市可持续发展的建设理念。

综上所述，箱涵结构作为一种高效、灵活的地下工程形式，在城市基础设施建设中发挥着重要作用。随着城市化进程的加快和基础设施需求的增加，箱涵结构的应用前景广阔，必将为城市的可持续发展提供更多支持和保障。

思考题

1. 什么是顶管结构？它主要用于哪些类型的工程项目？
2. 在 Revit 中如何选择合适的模型元素来构建顶管结构？
3. 如何在 Revit 中创建适用于顶管结构的构造类族？
4. 什么是箱涵结构，其主要特点是什么？
5. 在 Revit 中，如何有效地构建箱涵结构模型？
6. Revit 中如何实现箱涵结构的参数化建模？
7. 顶管结构的施工工艺在 Revit 建模时需要考虑哪些因素？
8. 在 Revit 中，如何利用分析工具对顶管和箱涵结构进行性能分析和优化？
9. 如何利用 Revit 的参数化设计功能提升顶管和箱涵结构的建模效率？

| 第13章 | 其他地下结构建模

13.1 穹顶直墙衬砌结构工程项目简介

本项目为某市中心地下综合交通枢纽的穹顶直墙衬砌结构工程，旨在提高地下空间利用率并缓解城市交通压力。该结构为钢筋混凝土结构，可有效抵御上部土压和水压，确保安全稳定。本项目的施工内容包括地基处理、钢模搭设及混凝土浇筑等工序，计划工期 10 个月。工程建成后，预计每年可减少城市交通拥堵成本 45%，社会经济效益显著。穹顶直墙衬砌结构尺寸见图 13-1。

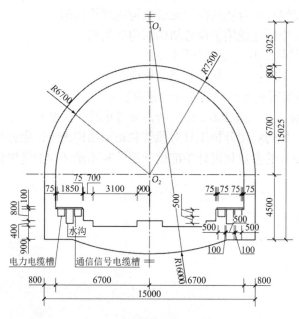

图 13-1　穹顶直墙衬砌结构断面尺寸（1∶150）

13.2 穹顶直墙衬砌结构建模及洞门建模流程

打开 Revit2020，点击"族"面板中的"新建"选项，然后在"新族-选择样板文件"

对话框中点击"概念体量"中的"公制体量",如图 13-2 所示。

在创建模型前进行读图,完全掌握设计图纸后即可制订模型的绘制计划。

开始创建模型,在视图界面中进入南立面视图进行绘制,如图 13-3 所示。

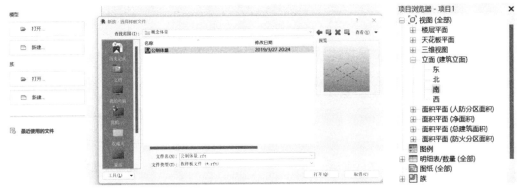

图 13-2　新建"公制体量"　　　　　　　　图 13-3　南立面视图

首先在"绘制"面板下点击"平面"命令,结合断面尺寸进行参考平面绘制,以便建立后续模型,如图 13-4、图 13-5 所示。

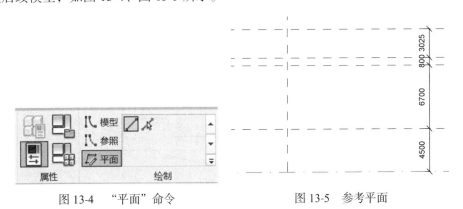

图 13-4　"平面"命令　　　　　　　　图 13-5　参考平面

在"绘制"面板下点击"模型"中的"圆心-端点弧"命令,分别绘制以 O_2 为圆心的半径为 6700 和 7500 的 1/4 圆,如图 13-6、图 13-7 所示。

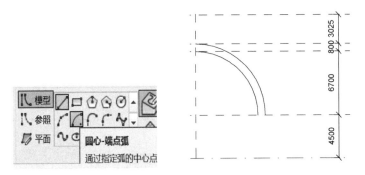

图 13-6　"圆心-端点弧"命令　图 13-7　半径为 6700 和 7500 的 1/4 圆

结合断面尺寸绘制模型轮廓剩下部分,如图 13-8 所示;由断面图可知模型镜像对称,将画完的 1/2 轮廓镜像复制即可得到完整轮廓,如图 13-9 所示。

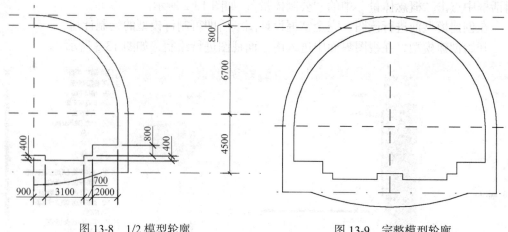

图 13-8　1/2 模型轮廓　　　　　　　　图 13-9　完整模型轮廓

结合断面尺寸绘制盖板，绘制其中一侧后镜像复制即可，如图 13-10 所示。

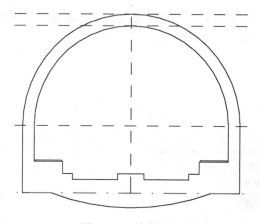

图 13-10　绘制盖板

结合断面尺寸绘制电力电缆槽、水沟、通信信号电缆槽，绘制其中一侧后镜像复制即可，如图 13-11、图 13-12 所示。

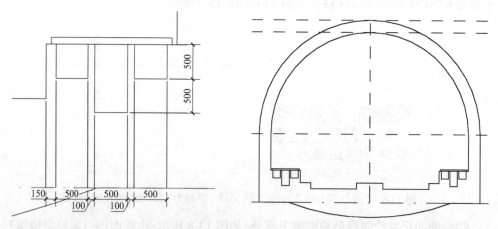

图 13-11　电力电缆槽、水沟、通信信号电缆槽尺寸　　图 13-12　电力电缆槽、水沟、通信信号电缆槽

选中外轮廓后，点击"形状"面板下"创建形状"中的"实心形状"命令，在三维视图中将外轮廓实体长度修改为"30000"，如图13-13～图13-15所示。

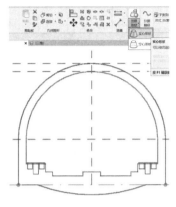
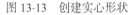

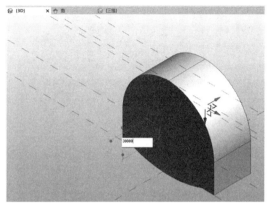

图13-13　创建实心形状　　　　　　图13-14　修改外轮廓实体长度

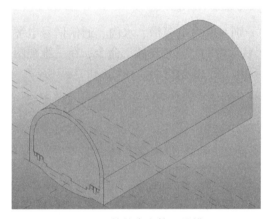

图13-15　外轮廓实体三维模型

结合断面图可知，该穹顶直墙衬砌结构内部中空。选中模型内轮廓，点击"形状"面板下"创建形状"中的"空心形状"命令，到三维视图中将内轮廓实体长度修改为"30000"，如图13-16～图13-18所示。

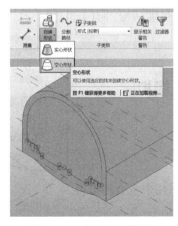

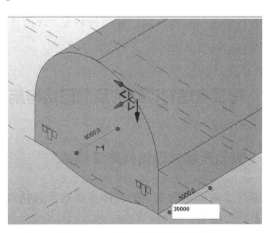

图13-16　创建空心形状　　　　　　图13-17　修改内轮廓实体长度

选中盖板后，点击"形状"面板下"创建形状"中的"实心形状"命令，在三维视图中将盖板实体长度修改为"30000"，如图 13-19 所示。

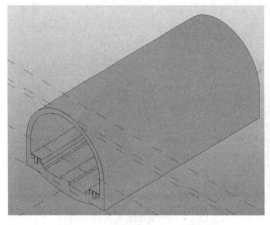 

图 13-18　内轮廓空心三维模型　　　　图 13-19　盖板实体三维模型

用内轮廓空心方法分别对电力电缆槽、水沟、通信信号电缆槽进行空心操作，点击"形状"面板下"创建形状"中的"空心形状"命令，在三维视图中将内轮廓实体长度修改为"30000"，如图 13-20、图 13-21 所示。

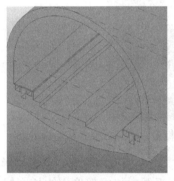 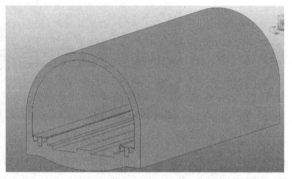

图 13-20　电力电缆槽、水沟、　　图 13-21　穹顶直墙衬砌结构三维模型、洞门三维模型
通信信号电缆槽空心三维模型

穹顶直墙衬砌结构及洞门建模教程见"穹顶直墙衬砌结构、洞门结构.mp4"。

穹顶直墙衬砌
结构、洞门
结构.mp4

13.3　穹顶直墙衬砌结构及洞门结构施工模拟

13.3.1　穹顶直墙衬砌结构施工模拟

穹顶直墙衬砌结构施工的具体步骤通常包括以下几个主要环节：
（1）施工准备
设计与审批：审核施工图纸与设计方案，并办理必要的施工许可证。

现场勘察：对施工场地进行详细勘察，包括地质、地下水、交通及周边环境等情况。

材料与设备准备：选购合适的衬砌材料（如混凝土、砖石等）和施工设备，确保满足施工要求。

（2）开挖施工作业面

场地清理：清理施工现场，移除障碍物，进行地表整平。

开挖基础：根据设计要求，开挖直墙和穹顶的基础，为后续衬砌施工提供空间。

支护结构设置：如需要，设置支护结构，确保开挖面及周边土体的稳定。

（3）制作与安装模板

模板的制作：根据设计要求，制作相应的模板，确保其坚固、平整和密封。

模板安装：在开挖好的基础上安装模板，保证模板位置准确和固定牢固，准备浇筑混凝土。

（4）浇筑混凝土

混凝土配制：按照设计要求配制混凝土，确保其抗压强度和工作性符合标准。

浇筑操作：采用分层浇筑方式，逐层振捣密实，消除内部气泡，确保混凝土密实度达标。

养护处理：混凝土浇筑完成后，进行适当养护，避免干裂和强度下降。

（5）拆除模板

模板拆除：根据混凝土强度的达到情况，适时拆除模板，注意保护已浇筑混凝土的表面。

表面处理：对裸露的混凝土表面进行处理，包括修补和防水处理等，以提高耐久性。

（6）整体检查和验收

质量检查：对衬砌结构进行全面检查，包括尺寸、外观、强度等，确保符合设计标准。

隐蔽工程验收：对涉及的隐蔽工程进行验收，确保结构连接和表面处理达到规范要求。

（7）环境恢复

现场清理：清理施工现场，将多余的材料、设备等清理干净，保持施工现场的整洁。

复原环境：如有需要，进行绿化或其他环境恢复措施，降低施工对周围环境的影响。

（8）后期维护

定期巡视：对已完成的穹顶直墙衬砌结构进行定期检查，关注是否有裂缝、渗水等问题，确保其长期安全使用。

以上步骤提供了穹顶直墙衬砌结构施工的一般流程，具体过程可能因项目特点及实际情况不同而有所不同。为确保施工目标的实现，施工过程中须严格落实相关安全措施与施工标准。

13.3.2　洞门结构施工模拟

隧道洞门结构施工的具体步骤通常包括以下几个关键环节：

（1）施工准备

设计与审批：确认隧道洞门的设计图纸和施工方案，并取得相关部门的许可和批准。

现场勘察：对施工区域进行详细勘察，了解地质、水文和交通等条件。

材料与设备准备：准备所需的建筑材料（如混凝土、钢筋等）和施工设备（如挖掘机、混凝土搅拌机、吊装设备等）。

（2）开挖施工面

场地平整：清理并平整施工现场，确保作业区域无障碍物。

基础开挖：依据设计要求开挖隧道洞门的基础，确保开挖深度和宽度符合施工规范。

支护结构设置：必要时设置支护结构，防止土方坍塌，确保开挖面的稳定。

（3）安装模板系统

模板选择：根据具体的设计和施工要求选择合适的模板，确保其强度和稳定性。

模板搭设：在已开挖的基础上搭设模板，确保模板的垂直度和水平度，并检查模板的固定情况。

（4）混凝土浇筑

混凝土配制：按照设计要求调整混凝土的配合比，确保其强度和工作性符合要求。

浇筑操作要点：混凝土应分层浇筑，采用振动器消除气泡，确保密实度。

养护处理：完成浇筑后，对混凝土进行养护，以防止干裂和强度降低。

（5）构件砌筑与加固

砌筑洞门结构：根据设计要求，进行砖石或混凝土构件的砌筑，确保构件水平、垂直及尺寸准确。

加固处理：若有必要，可采用钢筋加固或增设其他构件以提升洞门的稳定性。

（6）机电设备安装

洞门机电设备安装：在洞门处安装相关机电设备，如电门、气囊等，确保洞门的功能性。

排水系统设置：根据设计要求，设置排水系统，以避免泥水积聚影响结构安全。

（7）检查与验收

质量检查：对完成的洞门结构进行全面的质量检查，确保尺寸、位置、外观和强度符合设计要求。

隐蔽工程验收：验证隐蔽部位的质量，确保施工过程中隐蔽部位的质量符合规程要求。

（8）环境恢复

现场清理：清理施工现场，移除废弃材料和设备，保持施工区域整洁。

环境复原：如有必要，进行施工场地绿化和环境恢复，减少施工对环境的影响。

（9）后期维护

定期检查：在洞门结构使用过程中，定期检查，关注是否出现裂缝、渗水或其他结构问题，确保其安全性和功能性。

通过上述步骤，可以有效地完成隧道洞门结构的施工，确保其质量、安全和功能符合设计要求。

13.4　穹顶直墙衬砌结构及洞门结构的应用

13.4.1　穹顶直墙衬砌结构的应用

穹顶直墙衬砌结构是一种广泛应用于地下工程的重要结构形式，特别适合地质条件复杂或需要承受较大外部压力的情况。这种结构通常由穹顶形状的顶部和垂直的直墙组成，能够有效地分散和传递来自上方的荷载，确保结构的稳定性和安全性。

在隧道建设中，采用穹顶直墙衬砌结构设计，可提供良好的抗压性能，并适应各类地质环境。其穹顶形状的结构不仅能够有效抵抗地表荷载，还能减小隧道内的应力集中，降低结构破坏的风险。这种设计特别适合长距离隧道和大跨度空间的建设，能够满足现代交通和运输的需求。

此外，穹顶直墙衬砌结构在水利工程中的应用也十分广泛。它常用于水库、引水隧道和排水系统中，能够有效地抵御水压力和土压力，确保结构的安全性和耐久性。通过合理的设计，穹顶直墙结构可以实现良好的水流控制，减轻水流对结构的侵蚀，延长使用寿命。

在施工方面，穹顶直墙衬砌结构的施工工艺相对成熟，通常采用分段施工和预制构件相结合的方式。预制构件可以在工厂内进行生产，确保质量和精度，而现场施工则可以根据实际情况进行灵活调整。施工过程中，需要严格控制混凝土的浇筑和养护，以确保结构的强度和稳定性。

此外，穹顶直墙衬砌结构在环保方面也具有一定的优势。其设计能够有效隔离噪声和振动，改善周围环境质量。同时，结构的密闭性可以防止地下水的渗漏，保护周围的生态环境，符合现代工程建设的可持续发展理念。

综上所述，穹顶直墙衬砌结构作为一种高效、稳定的地下工程形式，在隧道和水利工程中发挥着重要作用。随着技术的不断进步和应用领域的拓展，穹顶直墙衬砌结构将在未来的基础设施建设中继续发挥关键作用，为城市和地区的发展提供坚实的支持。

13.4.2　洞门结构的应用

隧道洞门结构是隧道工程中至关重要的组成部分，主要用于连接隧道与地面或其他结构，确保交通的顺畅和安全。洞门结构的设计不仅要考虑到隧道的功能性，还需兼顾其承载能力、稳定性和耐久性，以应对各种外部荷载和环境条件。

在实际应用中，隧道洞门结构通常采用钢筋混凝土或预应力混凝土材料。这些材料具有良好的抗压和抗拉性能，能够有效承受来自上方的土压力和交通荷载。洞门的形状设计多样，常见的有拱形、矩形和圆形等，具体选择取决于隧道的用途、地质条件以及周围环境的要求。拱形洞门因其优良的力学性能和美观的外形，广泛应用于铁路和公路隧道中。

在施工过程中，隧道洞门结构的施工工艺相对复杂，通常需要进行精确的测量和定位，以确保洞门与隧道的连接顺畅。施工时，常采用分段施工的方法，先在地面进行洞门的预制，然后再将其安装到位。这种方法不仅提高了施工效率，还能有效控制质量，减少现场施工的风险。

此外，隧道洞门结构在防水和排水设计上也至关重要。由于隧道通常位于地下，容易受到地下水的影响，因此在洞门的设计中需考虑防水措施，如设置排水沟和防水层，以防止水渗入隧道内部，影响结构的安全性和使用寿命。同时，洞门的通风设计也不可忽视，良好的通风系统能够有效降低隧道内的湿度，改善空气质量，确保通行安全。

在现代城市基础设施建设中，隧道洞门结构的应用越来越广泛。随着城市化进程的加快，交通需求的增加，隧道作为重要的交通枢纽，其洞门结构的设计和施工质量直接影响整个交通系统的效率和安全。因此，针对隧道洞门结构的研究与应用，尤其是在新材料、新技术的推动下，将为未来的隧道工程提供更为坚实的保障，推动城市交通的可持续发展。

13.5 岔洞建模流程

打开 Revit2020，点击"族"面板中的"新建"选项，然后打开"公制常规模型"，如图 13-22 所示。

图 13-22 公制常规模型

图 13-23 项目浏览器

在创建模型前进行读图，完全掌握设计图纸后即可制订模型的绘制计划。

开始创建模型，在视图界面中进入前立面视图进行绘制，如图 13-23 所示。

按照设计图纸相应尺寸，在"创建"选项卡下选择"拉伸"命令，点击"绘制"面板中的"线"命令，绘制隧道轮廓，如图 13-24～图 13-26 所示。

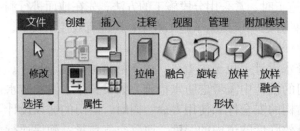

图 13-24 选择"拉伸"命令

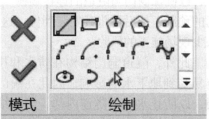

图 13-25 "线"命令

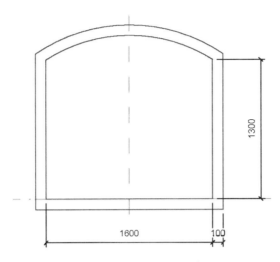

图 13-26　绘制隧道轮廓

将"拉伸终点"的值改为"15000.0"以改变隧道外轮廓长度，进而建立隧道三维模型，如图 13-27、图 13-28 所示。

图 13-27　修改"拉伸终点"

图 13-28　隧道三维模型

点击"形状"面板下的"放样"命令进行"绘制路径"，选择"样条曲线"命令绘制另一条隧道路径，接着进入"前立面"视图"编辑轮廓"，步骤如图 13-29~图 13-34 所示。

图 13-29　"放样"命令

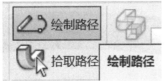

图 13-30　"绘制路径"命令

图 13-31　"样条曲线"命令

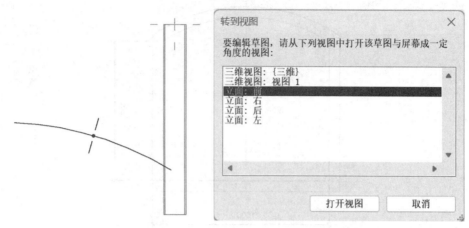

| 图 13-32 绘制隧道路径 | 图 13-33 切换到前立面视图 |

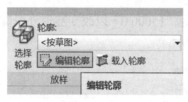

图 13-34 编辑轮廓

按照图 13-26 所示外轮廓尺寸绘制另一条隧道外轮廓，建立第二条隧道三维模型，如图 13-35、图 13-36 所示。

图 13-35 绘制另一条隧道外轮廓

图 13-36 建立第二条隧道三维模型

第二条隧道绘制完毕后嵌入第一条隧道内，需要使用"空心拉伸"命令将其嵌入部分消去，点击"形状"界面下的"拉伸"命令，选择"拾取线"功能选取第一条隧道内轮廓，将其设置为"空心"，建立嵌入后的三维模型，步骤如图 13-37～图 13-40 所示。

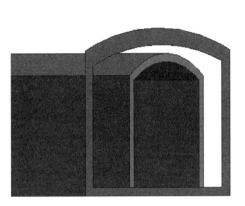

图 13-37　隧道嵌入部分

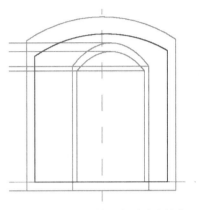

图 13-38　拾取第一条隧道内轮廓

约束		
拉伸终点	15000.0	
拉伸起点	0.0	
工作平面	参照平面：中心(前/...	
标识数据		
实心/空心	空心	

图 13-39　设置空心

图 13-40　嵌入后的三维模型

故岔洞三维模型如图 13-41 所示。

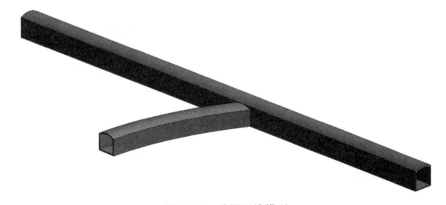

图 13-41　岔洞三维模型

岔洞建模教程见"岔洞.mp4"。

岔洞.mp4

13.6　岔洞施工模拟

隧道岔洞施工需要确保岔洞结构的安全、稳定和功能性，具体步骤包括多个环节。以下是详细的施工模拟步骤：

（1）施工准备

设计与审批：确认隧道岔洞的设计图纸和施工方案，完成相关部门的审批。

现场勘察：对施工现场进行勘察，包括地质条件、地下水位、周边环境等。

材料与设备准备：准备所需的建筑材料（如混凝土、钢筋、锚杆等）和施工设备（如隧道掘进机、混凝土搅拌机等）。

（2）开挖施工面

场地清理：对施工区域进行平整，移除障碍物，保障安全施工。

开挖基础：按设计要求开挖岔洞的基础，确保其深度、宽度符合规范。

支护结构设置：如需要，设置临时或永久支护结构，防止土体坍塌。

（3）安装模板和支撑

模板选用：根据岔洞的形状和结构，选择合适的模板材料。

模板搭设：在掘进完成的基础上进行模板的搭设，确保模板的稳定性和固定性。

支撑安装：按需要设置支撑体系，如钢支架，以增加模板的稳定性。

（4）混凝土浇筑

混凝土配制：按设计配比搅拌混凝土，确保其强度和流动性符合要求。

分层浇筑：采用分层浇筑的方法，确保每层混凝土振捣密实。

养护处理：注重对浇筑混凝土的养护，避免干裂和强度降低。

（5）砌体施工

进行砌筑：依据设计要求砌筑岔洞的内墙，确保水平、垂直以及交接处的准确性。

加固处理：如设计上有加固要求，按照图纸进行钢筋、锚杆等的安装。

（6）岔洞出口处理

洞口修整：修整岔洞出口，确保其顺畅过渡到主隧道。

防水措施：在洞口及周边区域设置适当的防水设施，避免水流侵害洞体。

（7）检查与验收

质量自检：完成施工后，对岔洞结构进行自检，确保尺寸、外观、强度等符合设计要求。

隐蔽工程验收：对隐蔽部分进行验收，以确保施工过程中的隐蔽结构符合规范。

（8）环境恢复与清理

清理施工现场：清除施工过程中产生的废弃物和多余材料，保持现场整洁。

环境复原：如有必要，对施工现场进行绿化恢复，减少对周边环境的影响。

（9）后期维护

定期巡视检查：对完工的岔洞结构进行定期检查，关注是否有裂缝、渗水等问题，确保结构的安全性和适用性。

通过以上步骤，隧道岔洞的施工过程可以有效地实施，确保其在使用中的安全、稳定和功能性。

13.7　岔洞的应用

隧道岔洞是隧道工程中一种重要的结构形式，主要用于实现不同方向的交通流动，起到分流和引导的作用。岔洞的设计与施工不仅关乎隧道的功能性，还直接影响到交通的安全和效率。通常，在隧道的交叉口或分岔点设置岔洞，能够有效地将主线交通与支线交通进行合理分配，确保车辆或列车能够顺畅地切换行驶方向。

在设计岔洞时，需要综合考虑多个因素，包括交通流量、隧道的几何形状、地质条件以及周围环境等。岔洞的形状一般为斜向或直角，具体选择取决于实际的交通需求和隧道的布局。为了提高岔洞的通行能力，设计师通常会采用宽度适中的设计，以减少交通拥堵的风险。此外，岔洞的坡度和曲线半径也需经过精确计算，以确保车辆在转弯时的安全性和舒适性。

在施工过程中，岔洞的建造相对复杂。通常需要进行详细的地质勘探，以了解地下土壤的性质和水文条件。这些信息对于选择合适的施工方法和材料至关重要。常见的施工方法包括明挖法和盾构法，其中盾构法因其对周围环境影响较小而被广泛应用于城市隧道建设中。

岔洞的防水和排水设计同样重要。由于岔洞通常位于地下，容易受到地下水的侵蚀，因此在设计时需考虑设置有效的排水系统，以防止水渗入隧道内部，影响结构的安全性和使用寿命。此外，岔洞的通风设计也不可忽视。良好的通风系统能够有效降低隧道内的湿度，改善空气质量，确保通行安全。

随着城市交通需求的不断增加，隧道岔洞的应用越来越广泛。在现代城市基础设施建设中，岔洞不仅可以提高交通的灵活性和效率，还可以为城市的可持续发展提供有力的支持。因此，针对隧道岔洞的研究与应用，尤其是在新材料、新技术的推动下，将为未来的隧道工程提供更为坚实的保障，推动城市交通系统的优化与升级。

13.8　竖井和斜井建模流程

隧道竖井和斜井是隧道建设中常用的两种垂直通道。隧道竖井是指从地面垂直向下挖掘的通道，主要用于人员和物资的进出、施工通风、排水及紧急逃生等功能。其设计一般需要保障良好的通风，帮助降低隧道内部的有害气体浓度，确保施工安全。斜井则是指沿倾斜方向向下开挖的通道。与竖井相比，斜井的坡度通常较小，这使得它更适用于较长距离的运输和物资的上下输送。斜井能够让重型设备和材料顺利进入隧道，更加高效。两者的合理配置能够有效提高隧道工程的施工效率和安全性，满足不同阶段和作业需求。竖井、斜井剖面图分别如图 13-42、图 13-43 所示。

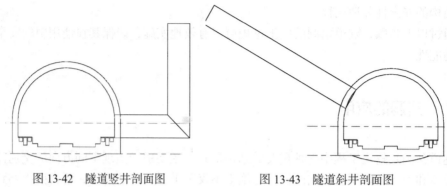

图 13-42　隧道竖井剖面图　　　　　图 13-43　隧道斜井剖面图

13.8.1　竖井建模流程

在前述"13.2　穹顶直墙衬砌结构建模及洞门建模流程"模型基础上，建立竖井与斜井模型。

打开"13.2　穹顶直墙衬砌结构建模及洞门建模流程"的模型文件，在"文件"选项板中依次选择"新建""项目"，再选择"建筑样板"，将穹顶直墙衬砌结构"载入到项目并关闭"，将其载入建筑样板中，步骤如图 13-44～图 13-46 所示。

图 13-44　新建项目

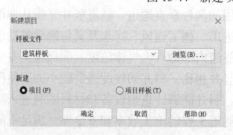

图 13-45　新建建筑样板　　　　图 13-46　载入到项目并关闭

在"文件"选项板中依次点击"新建"-"族"，选择"公制常规模型"打开，在公制常规模型中绘制竖井，如图 13-47、图 13-48 所示。

图 13-47　新建族

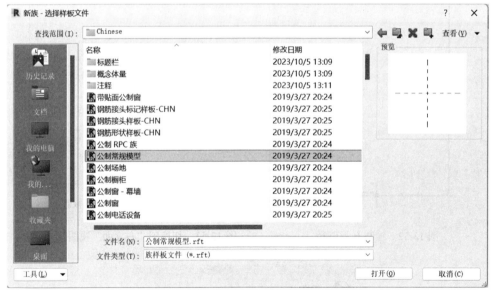

图 13-48　新建公制常规模型

在"项目浏览器"中打开"前立面"，在前立面视图通过"形状"面板下的"放样"命令绘制放样路径，点击"绘制路径"命令绘制出 L 形路径。完成路径编辑后切换到"右立面"视图，再点击"编辑轮廓"绘制半径为 1500mm、壁厚为 50mm 的圆环。步骤如图 13-49～图 13-56 所示。

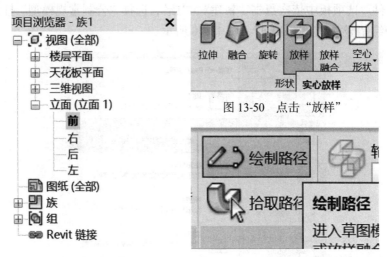

图 13-49 打开"前立面"

图 13-50 点击"放样"

图 13-51 点击"绘制路径"

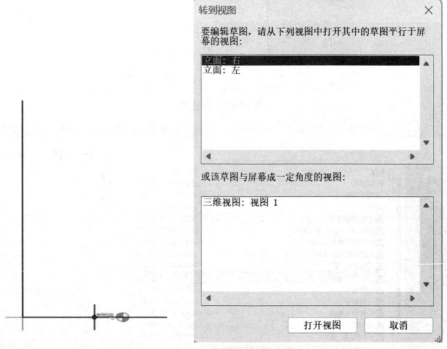

图 13-52 绘制 L 形路径

图 13-53 切换到"右立面"视图

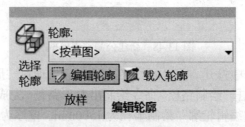

图 13-54 点击"编辑轮廓"

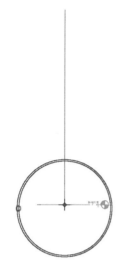

图 13-55　绘制半径为 1500mm、
壁厚为 50mm 的圆环

图 13-56　竖井三维模型

　　将绘制完的竖井载入建筑样板中，在"北立面"视图改变竖井位置，如图 13-57、图 13-58 所示。

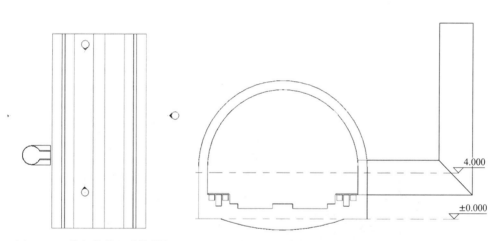

图 13-57　将竖井载入建筑样板

图 13-58　在"北立面"视图改变竖井位置

　　因竖井与隧道相交部分为实心，故还应在其相交部分开洞。双击隧道进行编辑，在其东立面开洞。利用"绘制"面板下"圆形"命令绘制半径为 1450mm 的圆，在"创建形状"面板下将其设置为"空心形状"，建立开洞隧道三维模型，步骤如图 13-59～图 13-62 所示。

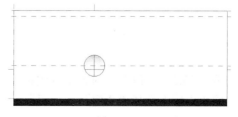

图 13-59　绘制圆

图 13-60　开洞位置

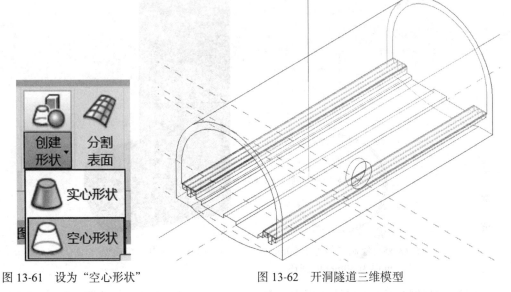

图 13-61　设为"空心形状"　　　　　　　图 13-62　开洞隧道三维模型

　　将开洞后的隧道载入到建筑样板中，并将竖井位置移动到开洞位置，如图 13-63 所示。

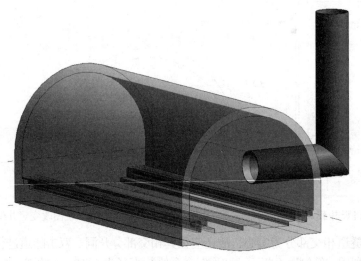

图 13-63　带竖井的隧道三维模型

　　竖井建模教程见"竖井.mp4"。

竖井.mp4

13.8.2　斜井建模流程

　　打开"13.2　穹顶直墙衬砌结构建模及洞门建模流程"，在"文件"选项板中依次选择"新建"-"项目"，再选择"建筑样板"，将穹顶直墙衬砌结构"载入到项目并关闭"，将其载入建筑样板中，步骤

如图 13-64～图 13-66 所示。

图 13-64　新建项目

图 13-65　新建建筑样板

图 13-66　载入到项目并关闭

在"文件"下点击"新建""族"，选择"公制常规模型"打开，在公制常规模型中绘制斜井，如图 13-67、图 13-68 所示。

图 13-67   新建族

图 13-68   新建公制常规模型

在"项目浏览器"中打开"前立面",在前立面视图通过"形状"面板下的"放样"命令绘制放样路径,点击"绘制路径"命令绘制出与横向参照线夹角为 30°的路径;完成路径编辑后切换到"右立面"视图,再点击"编辑轮廓"命令绘制半径为 1500mm、壁厚为 50mm 的圆环,步骤如图 13-69~图 13-76 所示。

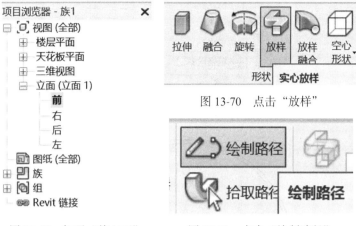

图 13-69　打开"前立面"

图 13-70　点击"放样"

图 13-71　点击"绘制路径"

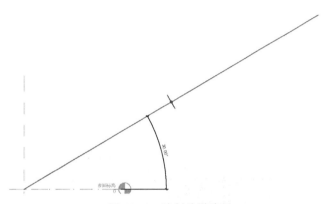

图 13-72　绘制放样路径

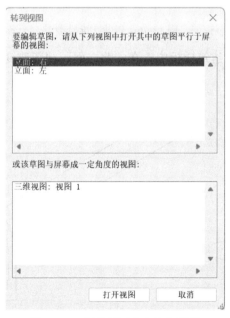

图 13-73　切换到"右立面"视图

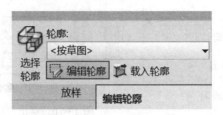

图 13-74　点击"编辑轮廓"

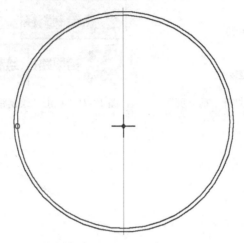

图 13-75　绘制半径为 1500mm、壁厚为 50mm 的圆环

图 13-76　斜井三维模型

　　将绘制完的斜井载入建筑样板中，在"北立面"视图改变斜井位置，如图 13-77、图 13-78 所示。

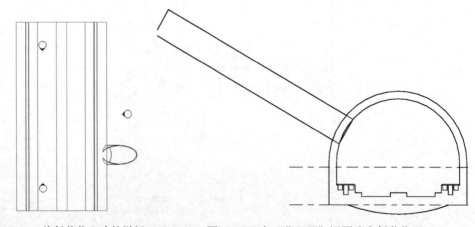

图 13-77　将斜井载入建筑样板　　　　图 13-78　在"北立面"视图改变斜井位置

由于斜井与隧道相交部分为实心，故还应在相交部分开洞。双击隧道进行编辑，在其东立面开洞。利用"模型"面板下"椭圆"命令绘制横向半径为 1450mm、竖向半径为 1250mm 的椭圆，在"创建形状"面板下将其设置为"空心形状"，步骤如图 13-79～图 13-82 所示。

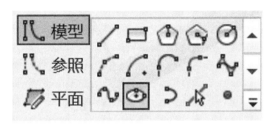

图 13-79　绘制椭圆

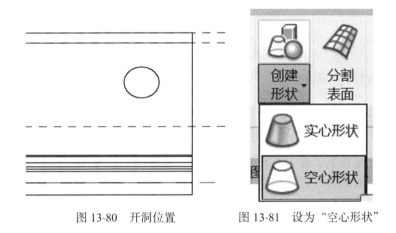

图 13-80　开洞位置　　　　　图 13-81　设为"空心形状"

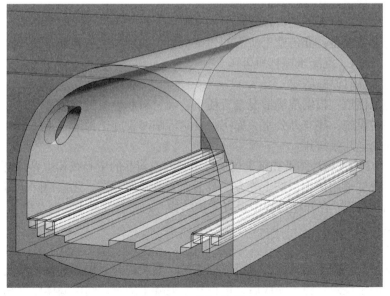

图 13-82　开洞三维模型

将开洞后的隧道载入到建筑样板中，并将斜井位置移动到开洞位置，如图 13-83 所示。

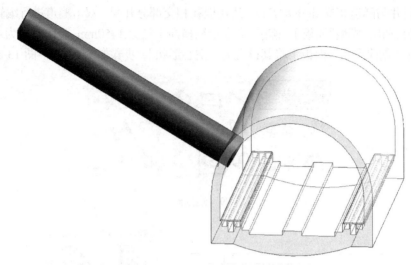

图 13-83　带斜井的隧道三维模型

斜井建模教程见"斜井.mp4"。

斜井.mp4

13.8.3　竖井及斜井施工模拟

竖井和斜井是地下工程中重要的组成部分，通常用于矿山开采、隧道施工、地下设施等。以下是竖井和斜井施工的具体模拟步骤。

（1）施工准备

设计与审批：对竖井或斜井的设计图纸和施工方案进行审查，确保其符合相关规定并获得必要的审批。

现场勘察：进行现场勘察，评估地质、地形、水文条件等，收集必要的数据。

材料与设备准备：准备施工所需的建筑材料（如混凝土、钢筋、支撑材料）和设备（如挖掘机、钻机、混凝土搅拌机等）。

（2）施工临时设施搭建

设置施工便道：根据现场情况设置便于运输材料和设备的施工道路。

搭建临时设施：建立办公室、库房、食堂等临时设施，保障工人生活和施工管理。

（3）开挖竖井或斜井

放线定位：根据设计图纸在施工场地标出竖井或斜井的中心线和边界，确保定位准确。

开挖作业：采用铲土、挖土等方法自上而下或斜向开挖，逐层清除土方。

支护结构搭设：在开挖过程中设置支护结构（如喷射混凝土、钢支撑等），确保井壁的稳定，防止坍塌。

（4）井壁加固

喷锚支护：根据土层情况，进行喷锚支护，安装锚杆，增强井壁的稳定性。

井壁混凝土浇筑：施工完成后，进行井壁混凝土浇筑，确保墙体厚度和强度符合设计要求。

（5）井底处理

井底清理：在施工作业过程中定期清理井底的土方和碎石，保持开挖面整洁。

设置平台：在竖井或斜井底部设置混凝土平台，以便进行后续作业，如设备安装、管道铺设等。

（6）机电设备安装

安装提升设备：如在竖井中安装电梯或绞车等提升设备，确保其符合安全标准。

布设管线：在井内布设通风管、给排水管和电气设备等，确保后续使用的便利性和安全性。

（7）检查与验收

施工质量检查：对竖井和斜井的结构、尺寸、混凝土强度等进行全面检查，确保符合设计规范。

隐蔽工程验收：对隐蔽部分进行专项验收，确保支护系统及各项设施的安全性。

（8）环境恢复

现场清理：清理施工过程中产生的废弃物和多余材料，保持施工现场整洁。

环境复原：必要时采取环境恢复措施，改善周边生态环境。

（9）后期维护

定期巡视检查：对完成的竖井或斜井进行定期检查，在使用中关注结构安全、渗水等问题，保证其长期使用的安全性。

通过以上步骤，可以有效地完成竖井及斜井的施工，确保其在使用中的安全、稳定和功能性。

13.8.4　竖井及斜井的应用

隧道竖井和斜井是隧道工程中不可或缺的组成部分，主要用于提供通风、排水、施工和维护等功能。竖井通常是垂直向下的结构，主要用于连接地面与隧道内部，方便人员和设备的进出。它们在隧道的建设和运营过程中起着至关重要的作用，尤其是在深埋隧道中，竖井的设置能够有效地解决施工和运营中的各种问题。

竖井的设计需要考虑多个因素，包括井深、井径、周围地质条件以及通风和排水需求等。通常，竖井的深度和直径会根据隧道的深度和规模进行合理规划，以确保其能够满足施工和运营的需要。在施工阶段，竖井不仅用于运输材料和设备，还可以作为施工人员的出入口，确保施工的安全和效率。此外，竖井还需配备必要的安全设施，如防护栏杆和照明设备等，以保证人员的安全。

斜井是以一定坡度向下延伸的结构，主要用于连接地面与隧道，适合于较长距离的运输和通行。斜井的设计通常需要考虑坡度的合理性，以确保车辆和人员能够顺畅通行。与竖井相比，斜井在运输效率上具有明显优势，尤其是在需要频繁运输材料和设备的施工阶段，斜井能够显著提高工作效率。

在隧道的运营阶段，竖井和斜井同样发挥着重要作用。竖井可以作为通风口，帮助调节隧道内的空气流通，确保良好的通风环境，降低隧道内的湿度和有害气体浓度。而斜井则可以用于排水，防止地下水渗入隧道，影响结构的安全性和使用寿命。此外，竖井和斜井还可以作为紧急疏散通道，确保在突发情况下人员能够迅速、安全地撤离。

随着城市化进程的加快，隧道的建设需求日益增加，竖井和斜井的应用也愈发广泛。在现代隧道工程中，合理的竖井和斜井设计不仅提高了施工和运营的效率，还为隧道的安全性和可持续发展提供了有力保障。因此，针对竖井和斜井的研究与应用，尤其是在新材料和新技术的推动下，将为未来的隧道工程提供更为坚实的基础，推动城市交通系统的优化与升级。

思考题

1. 什么是穹顶直墙衬砌结构，它的主要应用场景有哪些？
2. 在 Revit 中，如何建立穹顶结构模型？
3. 如何在 Revit 中实现直墙衬砌的建模？
4. 洞门结构在 Revit 建模中需要考虑哪些关键设计要素？
5. 岔洞在隧道或地下结构中的作用是什么？在 Revit 中如何建模？
6. 在 Revit 中，竖井和斜井的建模有何不同点和注意事项？
7. 井口设计在竖井和斜井中具有怎样的重要性？建模时需注意哪些细节？
8. 在 Revit 中如何为穹顶和竖井等结构制作施工工艺的可视化？
9. 如何在 Revit 中集成穹顶直墙衬砌与其他地下设施（如供排水、通风等）模型，以实现信息整合？

第14章 地下工程 BIM 技术的其他应用

14.1 基于 Revit 软件的工程量统计

工程经济性评价是项目中极其重要的环节，工程量统计功能可以更直观地提前估计地下工程成本，同时为制订方案提供可靠的依据，在未来施工阶段为地下工程施工图预算提供数据支撑。基于 BIM 技术的工程量统计是建立在模型信息完成的基础上，区别于传统意义上的工程量统计。

本节以箱涵结构为例，演示用 Revit 生成明细表。Revit 会以建模过程中输入的参数为基础，计算出该箱涵结构的实际尺寸以及钢筋长度，进而得出所需的混凝土体积以及钢筋重量。

单击"视图"选项卡中的"明细表"选项，在"新建明细表"对话框的"过滤器列表"中选择"结构"选项，选中"结构钢筋"后单击"确定"；调整明细表属性，将"族与类型""钢筋长度""钢筋直径""钢筋体积""材质"添加至明细表字段，单击"确定"生成明细表，如图 14-1 所示。

(a) 单击"明细表"选项

(b) 选择"过滤器列表"中的"结构"

图 14-1

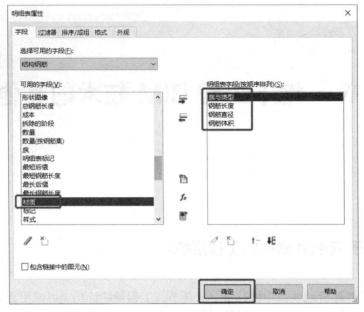

(c) 添加明细表字段

(d) 生成明细表

图 14-1　箱涵结构钢筋工程量统计表

生成的钢筋明细表还可在"属性"面板中进行修改，可按照"字段""过滤器""排序""格式""外观"五种形式进行调整。

14.2　基于 Revit 软件导出优化图纸

现阶段，传统 CAD 图纸作为地下工程设计的主要表达工具，在绘制过程中面临的最大困扰在于其分散性。设计师通常通过绘制同一构件的三维视图来表达其精确形态。然而，当设计需要修改时，必须同步调整该构件在不同视角的图纸，有时甚至需要全部重绘。

与之相比，BIM 技术在协同优化图纸方面具有显著优势。基于 Revit 的图纸功能可以根据项目中的各个协同视角进行导出，即使最终的构件需要修改，各个已经生成的图纸信息也会实时更新，省去了设计师在传统二维 CAD 图纸修改时浪费的时间与精力，实现协同建模。

本节以隧道结构为例，创建 A3 图纸展示其细部尺寸。通过"视图"选项卡中的"图纸"命令新建一个 A3 图纸，如果默认情况下没有 A3 图纸，则需在 Revit 自带的族库中载入，如图 14-2 所示。创建好的 A3 图纸如图 14-2（d）所示。

(a)"图纸"命令

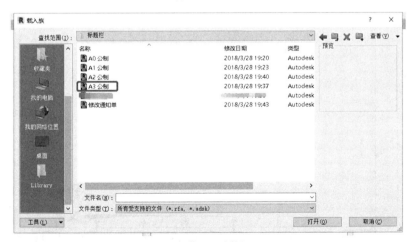

(b)"载入"命令

(c) 载入 A3 图纸

图　14-2

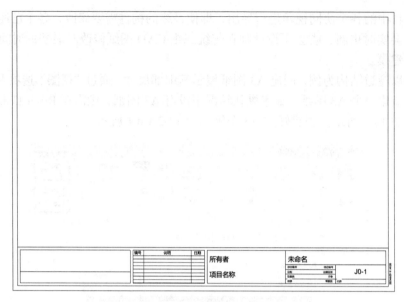

(d) A3 图纸

图 14-2　创建 Revit 图纸

　　创建的 Revit 图纸可以通过族编辑修改其布局以及参数，双击此图纸进入族编辑模式，将其原有布局全部删除；通过"创建"选项卡中的"线""文字""标签"等命令创建如图 14-3（a）所示的 A3 图纸。"文字"与"标签"的区别在于"文字"创建的信息无法在项目中编辑，只能起到预先定位的作用；而"标签"创建的是一个可在项目中编辑的信息，通过输入有效信息可对其进行修改。将图 14-3（a）所示图纸载入项目中，再将"项目浏览器"中的剖面拖动到图纸中，并通过鼠标右键"激活视图"命令修改图中布局；然后将图纸中涉及的参数信息分别进行编辑，最终创建的 A3 图纸如图 14-3（b）所示。

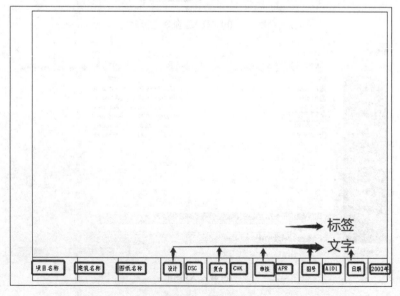

(a)"文字"与"标签"

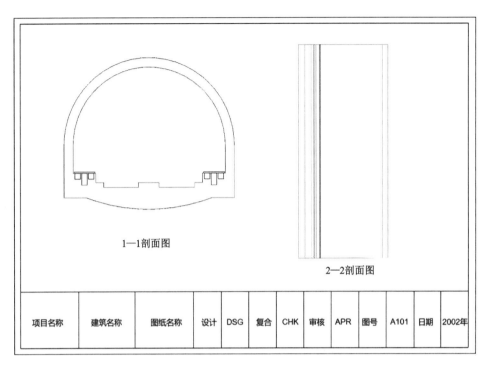

(b) 将"项目浏览器"中的剖面拖动到图纸中

图 14-3　修改 Revit 图纸

14.3　基于 Navisworks 软件的碰撞检查分析

在二维图纸时代，不同专业之间由于工作局限性，协同工作是十分困难的。基于二维图纸的合作过程往往会出现各种冲突，从而经常导致在设计或施工过程中才发现这些冲突，进而不得不修改方案。碰撞检测作为 BIM 技术的重要功能，贯穿于协同设计的全过程，可以有效地解决项目各专业之间的矛盾问题。

以 Navisworks 软件为例，它是在三维操作模式下将整个项目中涉及的各个专业整合到一个信息模型中的 BIM 技术工作平台。

通过其碰撞检查功能，计算模型不仅能够识别出模型中相同专业构件（如不同钢筋之间或梁、柱等构件）之间可能存在的冲突，还能够通过导入不同模块的模型信息，检测不同专业之间的冲突。检测到的冲突部分将在三维模型中突出显示，使设计人员能够轻松地在模型中定位可能存在的问题，并及时进行调整。这一功能有效解决了传统二维 CAD 图纸中难以直观发现并解决的潜在问题，从而减少了项目施工中的损失。

使用 Navisworks 进行地下工程碰撞检查的具体操作步骤如下：

首先，准备好模型文件，确保从各个设计团队收集到最新版本的 3D 模型。此步骤中，建议在各专业软件（如 Revit、AutoCAD 等）中进行必要的模型清理，如删除不必要的元素和简化复杂的几何体，以提高后续操作的效率。

接下来，打开 Navisworks 软件，通过"文件"菜单中的"打开"或"导入"功能，选择需要进行分析的模型文件。这些模型文件具有多种格式，如"*.nwd""*.nwf""*.dwg"

"*.rvt"等。在成功导入模型文件后，检查模型的完整性，确保所有元素都可以正确显示。

随后，进入碰撞检测工具，选择顶部菜单中的"查询"选项卡，点击"碰撞检测"按钮，打开碰撞检测窗口。在此窗口中，点击"新建"，为即将进行的碰撞检测设置名称，并选择需要进行检测的两组模型，例如建筑结构与机电设备。在选择对象时，可以使用"选择"工具，从模型树中选取相关元素，确保选中的对象涵盖所有可能发生碰撞的部分。同时，可以根据实际需要调整碰撞检测的设置，例如选择空间、点、线或面等不同的碰撞类型。

完成设置后，点击"运行"按钮，Navisworks 将开始进行碰撞检测。检测完成后，结果将在碰撞检测窗口中列出，可显示所有检测到的冲突项。此外，可以通过点击每一项冲突自动定位到模型中的具体位置，便于后续分析和处理。接下来，详细查看检测结果，并利用视图调整工具分析每一个碰撞项的情况。与此同时，可以选择导出结果，通过在碰撞检测窗口中点击"导出"以生成碰撞报告。碰撞报告通常包括碰撞项的详细信息和相应的截图，并可以方便地分享给团队或存档。

将碰撞检测结果及报告与相关团队共享，协调讨论潜在设计冲突并共同商定解决方案。根据反馈对设计进行必要修改后，重新导入更新模型并重复碰撞检测流程，确保所有问题得到妥善解决。最后开展全面终轮碰撞检查，确认修改后的模型无新增冲突，并将最终模型与检测结果提交项目管理层审核，保障地下工程设计施工顺利推进，最大限度降低潜在风险。通过上述步骤，可系统运用 Navisworks 高效完成地下工程碰撞检测与分析。

思考题

1. 施工阶段应用 BIM 技术的核心是什么？

2. BIM 技术在施工质量控制中的核心要点有哪些？BIM 技术在施工质量管理中有哪些优势？

3. BIM 在项目管理过程中有哪些方面的应用？应用 BIM 技术进行全过程项目管理的步骤有哪些？BIM 模型的深化应用有哪些？

参考文献

［1］ 陈谦，齐健，张伟. 4D 信息模型对施工过程的影响分析[J]. 山西建筑，2010, 36(15): 202-204.

［2］ 张坤南. 基于 BIM 技术的施工可视化仿真应用研究[D]. 青岛: 青岛理工大学, 2015.

［3］ 苗倩. 基于 BIM 技术的水利水电工程施工可视化仿真研究[D]. 天津: 天津大学, 2011.

［4］ 徐骏，李安洪，刘厚强，等. BIM 在铁路行业的应用及其风险分析[J]. 铁道工程学报，2014, 03: 129-133.

［5］ 任爱珠. 从"甩图板"到 BIM——设计院的重要作用[J]. 土木建筑工程信息技术，2014, 01: 1-8.

［6］ Liu M, Zhang J, Peng B Y. BIM technology in the municipal engineering design[J]. Municipal Technology, 2015, 04: 195-198.

［7］ 张哲. 工程设计阶段 BIM 技术应用研究[D]. 沈阳: 沈阳建筑大学, 2017.

［8］ 刘为. BIM 技术在工程招投标管理中的应用研究[D]. 武汉: 武汉工程大学, 2019.

［9］ 张建平，王洪钧. 建筑施工 4D++模型与 4D 项目管理系统的研究[J]. 土木工程学报，2003(03): 70-78.

［10］ Tang T T. A Study on Cost Control of Agricultural Water Conservancy Projects Based on Activity-based Costing [J]. Asian Agricultural Research, 2017, 9(07): 11-14.

［11］ 刘栋，李艳萍，孙鹏. 建筑开发商在施工阶段的成本控制研究[J]. 建筑经济，2020, 18(04): 16-19.

［12］ 徐紫昭. 基于 BIM 技术的成本管理在某工程中的应用研究[D]. 武汉: 湖北工业大学, 2020.

［13］ 高新雅. 住宅小区建设全生命周期信息化建设在 BIM 平台中的应用[J]. 工程科技，2020, 6(06): 76-78.

［14］ 鲁丽华，孙海霞. BIM 技术及应用[M]. 北京: 中国建筑工业出版社，2018.

［15］ 甘露. BIM 技术在施工项目进度管理中的应用研究[D]. 大连: 大连理工大学, 2014.

［16］ 花昌涛. BIM 技术在项目施工质量管理中的应用研究[D]. 合肥: 安徽建筑大学, 2020.

［17］ 孙泽新. 建设单位在工程施工中的安全管理[J]. 建筑安全，2007, 22(8): 20-21.

［18］ 方兴，廖维张. 基于 BIM 技术的建筑安全管理研究综述[J]. 施工技术，2017, 46(S2): 1191-1194.

［19］ 郭红领，潘在怡. BIM 辅助施工管理的模式及流程[J]. 清华大学学报 (自然科学版)，2017, 57(10): 1076-1082.

［20］ 赵彬，王友群，牛博生. 基于 BIM 的 4D 虚拟建造技术在工程项目进度管理中的应用[J]. 建筑经济，2011 (9): 93-95.

［21］ 李波. 基于 BIM 的施工项目成本管理研究[D]. 武汉: 华中科技大学, 2015.

［22］ 王钰. 建筑信息化时代下的大国工匠精神——《BIM 技术及应用》课程思政[J]. 信息系统工程，2020(05): 167-168.